"三农"培训精品教材

U0271890

水稻绿色
高质高效种植技术

● 王新兵 贺春久 此主拉姆 主编

中国农业科学技术出版社

图书在版编目（CIP）数据

水稻绿色高质高效种植技术／王新兵，贺春久，
此主拉姆主编 . --北京：中国农业科学技术出版社，2024.4
ISBN 978-7-5116-6792-2

Ⅰ.①水… Ⅱ.①王…②贺…③此… Ⅲ.①水稻栽培-
高产栽培-无污染技术 Ⅳ.①S511

中国国家版本馆 CIP 数据核字（2024）第 081065 号

责任编辑　张志花
责任校对　王　彦
责任印制　姜义伟　王思文

出 版 者　中国农业科学技术出版社
　　　　　北京市中关村南大街 12 号　　邮编：100081
电　　话　（010）82106636（编辑室）　　（010）82106624（发行部）
　　　　　（010）82109709（读者服务部）
网　　址　https://castp.caas.cn
经 销 者　各地新华书店
印 刷 者　北京中科印刷有限公司
开　　本　140 mm×203 mm　1/32
印　　张　5.5
字　　数　135 千字
版　　次　2024 年 4 月第 1 版　2024 年 4 月第 1 次印刷
定　　价　36.00 元

◀━━━ 版权所有·翻印必究 ━━━▶

《水稻绿色高质高效种植技术》
编 委 会

主　　编：王新兵　贺春久　此主拉姆

副主编：马桂梅　李　磊　曹玉茹　段新华
　　　　刘　军　刘翠华　白　忠　程　炜
　　　　宋宇宁　徐福成　钱　英　王小琴
　　　　赵宏耀　廖钦珍　陈竹君　崔　振

前　　言

　　水稻作为我国最重要的粮食作物之一，具有重要的地位和作用。它不仅是人们的主食来源，也是农业生产的重要支柱和经济发展的重要基础。未来，随着人口的增长和经济的发展，我国的水稻种植仍将发挥重要作用，为保障国家粮食安全和促进经济发展作出更大的贡献。

　　本书以提高农民科技素质为目标，依据绿色标准化、产业化、市场化的发展要求，从水稻种植的各个环节入手，详细介绍了不同模式下的水稻绿色高质高效种植技术。本书共 12 章，包括水稻的生物学特性、杂交水稻制种技术、水稻育秧技术、水稻抛秧绿色高质高效种植技术、水稻机插秧绿色高质高效种植技术、水稻直播绿色高质高效种植技术、再生稻绿色高质高效种植技术、水稻全程机械化种植技术、水稻不同时期的管理技术、水稻病虫草害绿色防控技术、水稻防灾减灾技术、水稻绿色高产高效种植技术模式。

　　本书内容翔实、结构清晰、语言简明，具有较强的指导性和实用性。希望本书的出版，能够为广大农民朋友提供有益的参考和帮助，推动我国水稻种植业的绿色、高质、高效发展。同时，也希望广大农民朋友能够认真学习本书内容，不断提高自己的种植技术水平，为实现农业现代化作出更大的贡献。

　　由于时间仓促，水平有限，书中难免存在不足之处，欢迎广大读者批评指正！

目　　录

第一章　水稻的生物学特性

第一节　水稻的类型

一、籼稻和粳稻

这是水稻最主要的分类，主要区别在于其生理特征和稻谷的形状。籼稻一般生长在热带和亚热带地区，其耐旱性较强，米粒呈细长形，口感较硬。粳稻则主要分布在温带地区，耐寒性较强，米粒较短圆，口感较软。

二、早稻、中稻和晚稻

这是根据水稻的生育期进行分类的。早稻生育期较短，一般只需3~4个月就能收割，适合在一年两熟或多熟的地区种植。中稻生育期适中，通常为4~5个月。晚稻生育期较长，可能需要6个月或更长时间才能成熟，其优点是产量高、米质优。

三、糯稻和非糯稻

这是根据稻谷的淀粉性质进行分类的。糯稻的淀粉主要是支链淀粉，煮熟后米饭黏性大，常用来做粽子、年糕等食品。非糯稻的淀粉主要是直链淀粉，煮熟后米饭黏性小，口感较硬。

四、香型稻和非香型稻

这是根据稻谷的香味进行分类的。香型稻在煮熟后会散发出特殊的香味，如我国的优质香型稻品种"香粳9号"等。非香型稻则没有这种香味。

五、水稻的亚种和变种

科学家们通过遗传研究和水稻育种，开发出了许多水稻的亚种和变种，如深水稻、旱稻、海水稻等。这些水稻适应了不同的生长环境，从而扩大了水稻的种植面积，提高了产量。

第二节 水稻的生长发育特性

一、水稻的生育期与生育时期

水稻从播种到收获所经历的天数，叫生育期；从移栽到成熟所经历的天数称本田生育期。

根据外部形态和新器官的建成，水稻的一生又可分为幼苗期、分蘖期、拔节孕穗期和结实期4个生育时期。营养生长阶段包括幼苗期和分蘖期。生殖生长阶段包括拔节孕穗期和结实期，是从稻穗开始分化（拔节）到稻谷成熟的一段时期。

（一）种子发芽和幼苗期

具有发芽力的种子在适宜的温度下吸足水分开始萌发，当胚芽和胚根长大而突破谷壳时，生产上称为"破胸"或"露白"；当芽长达谷粒长度的1/2、根长达谷粒长度时，生产上称为发芽。从萌发到3叶期是水稻的幼苗期。

（二）分蘖期

从第4叶伸出开始萌发分蘖到拔节为分蘖期。分蘖期又常分为秧田分蘖期和大田分蘖期,从4叶期到拔秧为秧田分蘖期,从移栽返青后开始分蘖到拔节为大田分蘖期。拔节后分蘖向两极分化,一部分早生大蘖能抽穗结实,成为有效分蘖;另一部分晚出小蘖,生长逐渐停滞,最后死亡,成为无效分蘖。

(三) 拔节孕穗期

从幼穗开始分化至抽穗为拔节孕穗期。此期经历的时间较为稳定,一般为30天左右。

(四) 结实期

从抽穗开始到谷粒成熟为结实期。结实期经历的时间,因不同的品种特性和气候条件而有差异,一般为25~30天。结实期可分为开花期、乳熟期、蜡熟期和完熟期。

二、水稻的"三性"

一个水稻品种,在一定温度、日照条件下,生育期是稳定的,但是,当温度、日照条件变化时,生育期就会改变。生育期的改变主要表现在营养生长阶段长短的变化上,而对生殖生长阶段的长短影响不大。

水稻品种的感温性、感光性和基本营养生长性简称为水稻的"三性",是水稻品种的遗传特性。水稻品种的生育期长短由其"三性"决定。

(一) 感温性

水稻品种因受温度高低的影响而改变其生育期的特性,称为感温性。水稻品种在适宜的生长发育温度范围以内,温度高可使其生育期缩短,温度低可使其生育期延长。

(二) 感光性

水稻品种因受日照长短的影响而改变其生育期的特性,称为感光性。水稻品种在适宜生长发育的日照长度范围内,短日照可使其生育期缩短，长日照可使其生育期延长。

（三）基本营养生长性

水稻进入幼穗分化之前，不受短日照、高温影响的正常营养生长期，称为基本营养生长期。基本营养生长期的长短因品种而异，这种特性称为水稻品种的基本营养生长性。

三、水稻产量及其形成

水稻的产量由单位面积上的有效穗数、每穗结实粒数和粒重构成。

（一）单位面积穗数

单位面积穗数由主茎穗和分蘖穗组成，其多少决定于基本苗数和分蘖成穗数，一般基本苗数的影响最大。单位面积的有效穗数，主要是在水稻分蘖盛期，最迟不超过最高分蘖期后 7～10 天确定下来的。

（二）每穗粒数

每穗粒数取决于每穗颖花数的多少和结实率的高低，每穗颖花数决定于颖花的分化数和退化数。

（三）粒重

稻谷的粒重决定于谷壳的体积和胚乳灌浆充实的饱满程度。

第三节　水稻生长对环境条件的要求

影响水稻生长的环境条件主要包括光照、温度、水分、营养等。只有在适宜的外部条件下，水稻才能很好地生长发育，才有望高产。

一、光照

水稻是喜阳作物，它对光照条件要求较高，水稻单叶的光饱和点一般在 3 万~5 万勒克斯，而群体的光饱和点随面积指数增大而变高，一般最高分蘖期为 6 万勒克斯左右，孕穗期可达 8 万勒克斯以上，但其光合作用随照度的增加不如玉米明显。

水稻是短日照作物，不同类型品种对光照长度的反应不同。早稻和中稻无一定的出穗临界光长，在短日照或长日照条件下都可正常出穗，属短日照不敏感型；晚稻品种大都是短日照促进出穗，长日照延迟出穗，有严格的出穗临界光长，属短日照敏感型。

二、温度

水稻为喜温作物。粳稻发芽的最低温度为 10℃，籼稻发芽的最低温度为 12℃。早稻 3 叶期以前，日平均气温低于 12℃，持续 3 天以上易感染绵腐病，出现烂秧、死苗，后季稻秧苗温度高于 40℃ 易受灼伤。日平均气温 15~17℃ 以下时，分蘖停止，造成僵苗不发。花粉母细胞减数分裂期（幼小孢子阶段及减数分裂细线期），最低温度低于 15~17℃，会造成颖花退化，不实粒增加和抽穗延迟。抽穗开花期适宜温度为 25~32℃（杂交稻 25~30℃），当遇连续 3 天平均气温低于 20℃（粳稻）或 2~3 天低于 22℃（籼稻），易形成空壳和瘪谷，但气温在 35~37℃ 以上（杂交稻 32℃ 以上）造成结实率下降。灌浆结实期最适日平均气温在 23~28℃，温度低时物质运输减慢，温度高时呼吸消耗增加，温度在 13~15℃ 以下灌浆相当缓慢。粳稻比籼稻对低温更有适应性，由于高温条件下水稻光呼吸作用增强，其光合作用适宜温度范围变大，籼稻为 25~35℃、粳稻为 18~33℃。当籼稻 ≤20℃或 ≥40℃ 和粳稻 ≤15℃ 或 ≥38℃ 时，光合作用急剧减弱。稻根呼吸作用随温度升高至 32℃ 时迅速加快，然后缓慢增加，至 38℃ 时达最大值，接着减慢，而稻叶呼吸在 20~44℃ 随温度升高呈直线增强。低温（尤其霜冻）情况下，光合效率受抑制，稻根吸水减少，导致气孔关闭和叶片枯萎。根呼吸对高温危害的反应比叶片更敏感。

三、水分

水稻全生长季需水量一般在 700~1 200毫米，大田蒸腾系数在 250~600。水稻蒸腾总量随光、温、水分、风、施肥状况、品种光合效率、生育期长短及熟期而变化。当土壤湿度低于田间持水量57%时，水稻光合作用效率开始下降；当空气相对湿度为50%~60%时，稻叶光合作用最强，随着湿度增加，光合作用逐渐减弱。水稻需要水层灌溉，以提高根系活力和蒸腾强度，促使叶片蔗糖、淀粉的积累和物质的运转。淹灌深度以 5~10 厘米为宜，但为了除去土壤有毒的还原物质，提高土壤的通透性和根系活力，还应进行不同程度的露田和晒田。水稻幼苗期应采取浅水勤灌，有利于扎根；分蘖期为促进分稞，以水调温，水层保持在2~3 厘米，分蘖后期排水促进根系发育；拔节孕穗期是水稻需水最多时期，宜灌深水（6~10 厘米）；抽穗开花期根据天气与土壤条件，可以轻脱水或保持一定水层，空气相对湿度 70%~80%有利于受精；灌浆期田面要有浅水，乳熟后期干干湿湿，有利于提高根系活力及物质调配和运转。水稻在返青期、减数分裂期、开花与灌浆前期受旱减产最严重，返青期缺水，影响秧苗活稞和分蘖；减数分裂期缺水，颖花大量退化，出穗延迟，结实率下降；抽穗期受旱，影响出穗，减产严重；灌浆期受旱，粒重下降而影响产量。水稻在返青期、减数分裂期、开花期对淹水最敏感，长期淹水会导致死苗幼苗腐烂和结实率下降。

四、营养

水稻生长发育，需要营养有碳、氢、氧，这些营养由空气和水供给，已经满足水稻生长发育的需要。还有氮、磷、钾、钙、镁、硫、锰、铁、铜、硼等，这些营养元素由土壤供给，有的能满足水稻生长发育的需要，有的不能满足水稻生长发育的需要，需要人为施肥补充，人们把这些营养元素称为肥。另外，还有一些有益元素等。水稻产量，就是由这些营养元素通过光合作用形成的，缺少某些元素或不足，产量难以形成或影响产量。

第二章　杂交水稻制种技术

第一节　两系杂交水稻制种技术

一、选用育性稳定的光（温）敏核不育系

两系制种时，首先要考虑不育系的育性稳定性，选用在长日照条件下不育的下限温度较低，短光照条件下可育的上限温度较高，光敏温度范围较宽的光（温）敏核不育系。如粳型光敏核不育系 N5088S、7001S、31111S 等，在长江中下游平原和丘陵地区的长日照条件下，都有 30 天左右的稳定不育期，在这段不育期制种，风险小。温敏型的籼型核不育系培矮 64S，由于它的育性主要受温度的控制，对光照的长短要求没有光敏型核不育那么严格，只要日平均温度稳定在 23.3℃ 以上，不论在南方或北方稻区制种，一般都能保证种子纯度。但这类不育系在一般的气温条件下繁殖产量较低。

二、选择最佳的安全抽穗扬花期

由于两系制种的特殊性，对两系父母本的抽穗扬花期的安排要特别考虑，不仅要考虑开花天气的好坏，而且必须使母本处在稳定的不育期内抽穗扬花。

不同的母本稳定不育的时期不同，因此，要先观察母本的育

性转换时期，在稳定的不育期内选择最佳开花天气，即最佳抽穗扬花期，然后根据父母本播种到始抽穗期历时推算出父母本的播种期。

籼、粳两系制种播期差的参考依据有所不同。籼两系制种以叶龄差为主，同时参考时差和有效积温差。粳两系制种的播期差安排主要以时差为主，同时参考叶龄差和有效积温差。

三、强化父本栽培

就当前应用的几个两系杂交组合父母本的特性来看，强化父本栽培是必要的。一方面强化父本增加父本颖花数量，增加花粉量，有利于受精结实；另一方面两系制种中的父本有不利制种的特征。一般来说，两系制种的父母本的生育期相差不是太大，但往往发生有的杂交组合父本生育期短于母本生育期，即母本生育期长的情况。在生产管理中，容易形成母强父弱的情况，使父本颖花量少，母本异交结实率低。像这样的杂交组合制种更要注重父本的培育。强化父本栽培的具体方法有以下几种。

（一）强化父本壮秧苗的培育

父本壮秧苗的培育最有效的措施是采用两段育秧或旱育秧。两段育秧可根据各制种组合的播种期来确定第一段育秧的时间，第一段秧采取室内或室外场地育小苗。苗床按 $350 \sim 400$ 克/米^2 种子的播量，播匀，用渣肥或草木灰覆盖种子，精心管理，在 2 叶 1 心期及时寄插，每穴插 $2 \sim 3$ 株幼苗，寄插密度根据秧龄的长短来定，秧龄短的可按 10 厘米×10 厘米规格寄插，秧龄长的用 10 厘米×13.3 厘米的规格寄插。加强秧田的肥水管理，争取每株谷苗带蘖 $2 \sim 3$ 个。

（二）对父本实行偏肥管理

移栽到大田后，对父本实行偏肥管理。父本移栽后 $4 \sim 6$ 天，施尿素 45~60 千克/公顷，7 天后，分别用尿素 45 千克/公顷、磷肥 30~60 千克/公顷、钾肥 45 千克/公顷与细土 750 千克一起混合做成球肥，分两次深施于父本田，促进父本早发稳长，达到穗大粒多、总颖花多和花粉量大的目的。在对父本实行偏肥管理的同时，也不能忽视母本的管理，做到父母本平衡生长。

四、去杂去劣，保证种子质量

两系制种比起三系制种要更加注意种子防杂保纯，因为它除生物学混杂、机械混杂外，还有自身育性受光温变化、栽培不善、收割不及时等导致自交结实后的混杂，即同一株上产生杂交种和不育系种子。针对两系制种中易出现自身混杂原因，应采用下列防杂保纯措施。

（一）利用好稳定的不育性期

将光（温）敏核不育系的抽穗扬花期尽可能地安排在育性稳定的前期，以拓宽授粉时段，避免育性转换后同一株上产生两类种子。如果是光（温）敏核不育系的幼穗分化期，遇上连续几天低于 23.5℃ 的低温时，应采用化学杀雄的辅助方法来控制由于低温引起的育性波动，达到防杂保纯的目的。

具体方法是：在光（温）敏核不育系抽穗前 8 天左右，用 750 千克/公顷 0.02% 的甲基胂酸二钠杀雄剂药液均匀地喷施于母本，隔 2 天后用 750 千克/公顷 0.01% 的甲基胂酸二钠杀雄剂药液再喷母本 1 次，确保杀雄彻底。喷药时应在上午露水干后开始，在下午 5 时前结束，如果在喷药后 6 小时内遇雨应迅速补喷 1 次。

（二）高标准培育"早、匀、齐"的壮秧

通过培育壮秧，以期在大田早分蘖、多分蘖、分蘖整齐，并且移栽后早管理、早晒田，促使抽穗整齐，避免抽穗不齐而造成的自身混杂。

（三）适时收割

一般来说在母本齐穗 25 天，已完全具备了种子固有的发芽率和容重。因此，在母本齐穗 25 天左右，要抢晴收割，使不育系植株的地上节长出的分蘖苗不能正常灌浆结实，从而避免造成自身混杂。

第二节　三系杂交水稻制种技术

一、制种基地的选择

杂交水稻制种技术性强、投入高、风险性较大，在基地选择上应考虑其具有良好的稻作自然条件和保证种子纯度的隔离条件。

（一）自然条件

在自然条件方面，首先，应具备土壤肥沃，耕作性能好，排灌方便，旱涝保收，光照充足；田地较集中连片；无检疫性水稻病虫害。其次，耕作制度、交通条件、经济条件和民众的科技文化素质也应作为制种基地选择的条件。早、中熟组合的春季制种宜选择在双季稻区，迟熟组合的夏季制种宜选择在一季稻区。

（二）安全隔离

杂交水稻制种是靠异花授粉获得种子，因此，为获得高纯度的杂交种子，除了采用高纯度的亲本外，还要做到安全隔离，防止其他品种串粉。具体隔离方法有以下几种。

1. 空间隔离

隔离的距离一般山区丘陵地区制种田要求在 50 米以上；平原地区制种田要求至少 100 米。

2. 时间隔离

利用时间隔离，与制种田四周其他水稻品种的抽穗扬花期错开时间应在 20 天以上。

3. 父本隔离

即将制种田四周隔离区范围内的田块都种植与制种田父本相同的父本品种。这样既能起到隔离作用，又增加了父本花粉的来源。但用此法隔离，父本种子必须纯度高，以防父本田中的杂株（异品种）串粉。

4. 屏障隔离

障碍物的高度应在 2 米以上，距离不少于 30 米。为了隔离的安全保险，生产上往往因地制宜将几种方法综合运用，用得最多、效果最好的是空间、时间双隔离，即制种田四周 100 米范围内，不能种有与父母本同期抽穗扬花的其他水稻品种，两者头花、末花时间至少要错开 20 天以上方能避免串粉、保证安全。

二、保证父母本花期相遇的措施

由于父母本生育期的差异，制种时父母本不能同时播种。两亲本播种期的差异称为播差期。播差期根据两个亲本的生育期特性和理想花期相遇的标准确定，不同的组合由于亲本的差异，播差期不同。即使是同一组合在不同的季节、不同地域制种，播差期也有差异。要确定一个组合适宜的播差期，首先必须对该组合的亲本进行分期播种试验，了解亲本的生育期和生育特性的变化规律。在此基础上，可采用生育期法、叶（龄）差法、（积）温差法确定播差期。

（一）生育期法

生育期法又称时差法，是根据亲本历年分期播种或制种的生育期资料，推算出能达到理想花期父母本相遇的播种期。其计算公式：播差期＝父本始穗天数－母本始穗天数。生育期法比较简单、容易掌握，较适宜于气温变化小的地区和季节（如夏、秋制种）应用，不适用于气温变化大的季节与地域应用。如在春季制种中，年际间气温变化大，早播的父本常受气温的影响，播种至始穗期稳定性较差，而母本播种较迟，正值气温变化较小，播种至始穗期较稳定，应用此方法常常出现花期不遇。

（二）叶差法

叶差法亦称叶龄差法，是以双亲主茎总叶片数及其不同生育时期的出叶速度为依据推算播差期的方法。在理想花期相遇的前提下，母本播种时的父本主茎叶龄数，称为叶龄差。不育系与恢复系在较正常的气候条件与栽培管理下，其主茎叶片数比较稳定。主茎叶片数的多少依生育期的长短而异。因此，该方法较适宜在春季气温变化较大的地区应用，其准确性也较好。

叶差法对同一组合在同一地域、同一季节基本相同的栽培条件下，不同年份制种较为准确。同一组合在不同地域、不同季节制种叶差值有差异，特别是感温性、感光性强的亲本更是如此。威优 46 制种，在广西南宁春季制种，叶差为 8.4 叶，但夏季制种为 6.6 叶，秋季制种为 6.2 叶；在广西博白秋季制种时叶差为6.0 叶。因此，叶差法的应用要因地制宜。

（三）温差法（有效积温差法）

温差法即有效积温差法，是将双亲从播种到始穗的有效积温的差值作为父母本播差期安排的方法。生育期主要受温度影响，亲本在不同年份、不同季节种植，尽管生育期有差异，但其播种至始穗期的有效积温值相对稳定。

应用温差法，首先必须计算出双亲的有效积温值。有效积温是日平均温度减去生物学下限温度的度数之和。籼稻生物学下限温度为 12℃，粳稻为 10℃。从播种次日至始穗日的逐日有效温度的累加值为播种至始穗期的有效积温。计算公式：$A = \sum (T - L)$。式中，A 为某一生长阶段的有效积温；T 为日平均气温；L 为生物学下限温度。

有效积温差法因查找或记载气象资料较麻烦，因此，此法不常使用。但在保持稳定一致的栽培技术或最适的营养状态及基本相似的气候条件下，有效积温差法较可靠，尤其对新组合、新基地，更换季节制种更合适。

三、培育适龄分蘖壮秧

（一）壮秧的标准

壮秧的标准一般是生长健壮，叶片清秀，叶片厚实不披垂，基部扁薄，根白而粗，生长均匀一致，秧苗个体间差异小，秧龄适当，无病无虫。移栽时母本秧苗达 4~5 叶，带 2~3 个分蘖；父本秧苗达 6~7 叶，带 3~5 个分蘖。

（二）培育壮秧的主要技术措施

确定适宜的播种量，做到稀播、匀播，一般父本采用一段育秧方式的，秧田父本播种量为 120 千克/公顷左右，母本为 150 千克/公顷左右；若父本采用两段育秧，苗床宜选在背风向阳的蔬菜地或板田，先旱育小苗，播种量为 1.5 千克/米²，小苗 2.5 叶左右开始寄插，插前应施足底肥，寄插密度为 10 厘米×10 厘米或 13.3 厘米×13.3 厘米，每穴寄插双苗，每公顷制种田需寄插父本 45 000~60 000 穴。同时加强肥水管理，推广应用多效唑或壮秧剂，注意病虫害防治等。

（三）采用适宜行比、合理密植

1. 确定适宜行比和行向

父本恢复系与母本不育系在同一田块按照一定的比例相间种植，父本种植行数与母本种植行数之比，即为行比。杂交水稻制种产量高低与母本群体大小及母本有效穗数有关。因此，扩大行比是增加母本有效穗的重要方法之一。确定行比的原则是在保证父本有足够花粉量的前提下最大限度地增加母本行数。行比的确定主要考虑3个方面：单行父本栽插，行比为1:（8~14）；父本小双行栽插，行比为2:（10~16）；父本大双行栽插，行比为2:（14~18）；父本花粉量大的组合制种，则宜选择大行比；反之，应选择小行比；母本异交能力高的组合可适当扩大行比，反之则缩小行比。制种田的行向对异交结实有一定的影响。行向的设计应有利于授粉期借助自然风力授粉及有利于禾苗生长发育。通常以东西行向种植为好，有利于父母本建立丰产苗穗结构。

2. 合理密植

由于制种田要求父本有较长的抽穗开花期、充足的花粉量，母本抽穗开花期较短、穗粒数多，因而栽插时对父母本的要求不同，母本要求密植，栽插密度为 10 厘米×13.3 厘米或 13.3 厘米×13.3 厘米，每穴3株或双株，每公顷插基本苗8万~12万；父本插2行，株行距为（16~20）厘米×13.3 厘米；单植，每公顷插基本苗6万~7.5万。早熟组合制种，母本每亩插基本苗10万~12万，父本2万~3万；中、迟熟组合制种，母本每亩插基本苗12万~16万，父本4万~6万。

四、及时做好花期预测与调节

（一）花期预测方法

不同的生育阶段可采用相应的方法。实践证明，比较适用而又可靠的方法有幼穗剥检法和叶龄余数法。

1. 幼穗剥检法

就是在稻株进入幼穗分化期剥检主茎幼穗，对父母本幼穗分化进度对比分析，判断父母本能否同期始穗。这是最常用的花期预测方法，预测结果准确可靠。但是，预测时期较迟，只能在幼穗分化Ⅱ期、Ⅲ期才能确定花期，一旦发现花期相遇不好，调节措施的效果有限。

具体做法是：制种田母本插秧后 25~30 天起，以主茎苗为剥检对象，每隔 3 天对不同组合、不同类型的田块选取有代表性的父本和母本各 10~20 株，剥开主茎，鉴别幼穗发育进度。父母本群体的幼穗分化阶段确定以 50%~60% 的苗达到某个分化时期为准。幼穗分化发育时期分为 8 期，各期幼穗的形态特征为：Ⅰ期看不见，Ⅱ期苞毛现，Ⅲ期毛茸茸，Ⅳ期谷粒现，Ⅴ期颖壳分，Ⅵ期谷半长（或叶枕平、叶全展），Ⅶ期稻苞现，Ⅷ期穗将伸。根据剥检的父母本幼穗结果和幼穗分化各个时期的历程，比较父母本发育快慢，预测花期能否相遇。一般情况下，母本多为早熟品种，幼穗分化历程短，父本多为中晚熟品种，幼穗分化历程长。所以父母本花期相遇的标准为：Ⅰ期至Ⅲ期父早，Ⅳ期至Ⅵ期父母齐，Ⅶ期至Ⅷ期母略早。

2. 叶龄余数法

叶龄余数是主茎总叶片数减去当时叶龄的差数。由于生长后期的气温比较稳定，因此，不论春夏制种或秋制种，制种田中父母本最后几片叶的出叶速度都表现出相对的稳定性。同时，叶龄余数与幼穗分化进度的关系较稳定，受栽培条件、技术及温度的影响较小。根据这一规律，可用叶龄余数来预测花期。该方法预测结果准确，是制种常使用的方法之一。具体做法是用主茎总叶片数减去已经出现的叶片数，求得叶龄余数。

用公式表示为：

叶龄余数＝主茎总叶片数-伸出叶片数

使用叶龄余数法，先应根据第二双零叶、伸长叶枕距判断新出叶是倒 4 叶，还是倒 3 叶，然后确定叶龄余数；再根据叶龄余数判断父母本的幼穗分化进度，分析两者的对应关系，估计始穗时期。

（二）花期调节

花期调节的原则是以促为主，促控结合；以父本为主，父母本相结合。调节花期宜早不宜迟，以幼穗分化Ⅲ期前采用措施效果最好。主要措施有以下几种。

1. 农艺措施调节法

采取各种栽培措施调控亲本的始穗期和开花期。

（1）肥料调节法。根据水稻幼穗分化初期偏施氮肥会贪青迟熟而施用磷、钾肥能促进幼穗发育的原理，对发育快的亲本偏施尿素：母本为 105~150 千克/公顷，父本为 30~45 千克/公顷，可推迟亲本始穗 3~4 天；对发育慢的亲本叶面喷施磷酸二氢钾 1.5~2.5 千克/公顷，兑水 1 350 千克，连喷 3 次，可提早亲本始穗 1~2 天。

（2）水分调节法。根据父母本对水分的敏感性不同而采取的调节方法。籼型三系法生育期较长的恢复系，如 IR24、IR26、明恢 63 等对水分反应敏感，不育系对水分反应不敏感，在中期晒田，可控制父本生长速度，延迟抽穗。

（3）密度（基本苗）调节法。在不同的栽培密度下，抽穗期与花期表现有差异。密植和多株移栽增加单位面积的基本苗数，表现抽穗期提早，群体抽穗整齐，花期集中，花期缩短。稀植和栽单株，单位面积的基本苗数减少，抽穗期推迟，群体抽穗分散，花期延长。一般可调节 3~4 天。

（4）秧龄调节法。秧龄的长短对始穗期影响较大，其作用大小与亲本的生育期和秧苗素质有关。IR26 秧龄 25 天比 40 天的始穗期可早 7 天左右，30 天秧龄比 40 天的早 6 天左右。秧龄调节法对秧苗素质中等或较差的调节作用大，对秧苗素质好的调节作用小。

（5）中耕调节法。中耕并结合施用一定量的氮素肥料可以明显延迟始穗期和延长开花时间。对苗多、早发的田块效果小，特别是对禾苗长势旺的田块中耕施肥效果较差，所以使用此法须看苗而定。在未能达到预期苗数、田间禾苗未封行时采用此法效果好，对禾苗长势好的田块不宜采用。

2. 激素调节法

用于花期调节的激素主要有赤霉酸、多效唑以及其他复合型激素。激素调节必须把握好激素施用的时间和用量，才能有好的调节效果，否则不但无益，反而会造成对父母本高产群体的破坏和异交能力的降低。

（1）赤霉酸调节。赤霉酸是杂交水稻制种不可缺少的植物激素，具有促进生长的作用，可用于父母本的花期调节。在孕穗前低剂量施用赤霉酸（母本 15~30 克/公顷、父本 2.5 克/公顷左右），进行叶面喷施，可提早抽穗 2~3 天。

（2）多效唑调节。叶面喷施多效唑是幼穗分化中期调节花期效果较好的措施。在幼穗分化Ⅲ期末喷施多效唑能明显推迟抽穗，推迟的天数与用量有关。在幼穗Ⅲ期至Ⅴ期喷施，用量为 1 500~3 000 克/公顷，可推迟 1~3 天抽穗，且能矮化株型，缩短冠层叶片长度。但是，使用多效唑的制种田，在幼穗Ⅷ期要喷施 15 克/公顷赤霉酸来解除多效唑的抑制作用。在秧田期、分蘖期施用多效唑也具有推迟抽穗、延长生育期的作用，可延迟 1~2 天抽穗。

（3）其他复合型激素调节。该类物质大多数是用植物激素、营养元素、微量元素及其能量物质组成，主要有抑芽丹等。在幼穗分化Ⅴ期至Ⅶ期喷施，母本用 45 克/公顷左右，兑水 600 千克，或父本用 15 克/公顷，兑水 300 千克，叶面喷施，能提早

2~3 天见穗，且抽穗整齐，促进水稻花器的发育，使开花集中，花期提早，提高异交结实率。

3. 拔苞拔穗法

花期预测发现父母本始穗期相差 5~10 天，可以在早亲本的幼穗分化Ⅶ期和见穗期，采取拔苞穗的方法，促使早抽穗亲本的迟发分蘖成穗，从而推迟花期。拔苞（穗）应及时，以便使稻株的营养供应尽早地转移到迟发分蘖穗上，从而保证更多的迟发蘖成穗。被拔去的稻苞（穗）一般是比迟亲本的始穗期早 5 天以上的稻苞（穗），主要是主茎穗与第一次分蘖穗。若采用拔苞拔穗措施，必须在幼穗分化前期重施肥料，培育出较多的迟发分蘖。

五、科学使用赤霉酸

水稻雄性不育系在抽穗期植株体内的赤霉酸含量水平明显低于雄性正常品种，穗颈节不能正常伸长，常出现抽穗卡颈现象。在抽穗前喷施赤霉酸，提高植株体内赤霉酸的含量，可以促进穗颈节伸长，从而减轻不育系包颈程度，加快抽穗速度，使父母本花期相对集中，提高异交结实率，还可增加种子粒重。所以，赤霉酸的施用已成为杂交水稻制种高产最关键的技术。喷施赤霉酸应掌握"适时、适量、适法"。具体技术要求如下。

（一）适时

赤霉酸喷施的适宜时期在群体见穗前 1~2 天至见穗 50%，最佳喷施时期是抽穗达 5%~10%。一天中的最适喷施时间在上午 9 时前或下午 4 时后；中午阳光强烈时不宜喷施；遇阴雨天气，可在全天任何时间抢晴喷施；喷施后 3 小时内遇降雨，应补喷或在下次喷施时增加用量。

（二）适量

1. 不同的不育系所需的赤霉酸剂量不同

以染色体败育为主的粳型质核互作型不育系，抽穗几乎没有卡颈现象，喷施赤霉酸为改良穗层结构，所需赤霉酸的剂量较小，一般用 90~120 克/公顷；以典败与无花粉型花粉败育为主的籼型质核互作型不育系，抽穗卡颈程度较重，穗粒外露率在 70%左右，所需赤霉酸的剂量大；对赤霉酸反应敏感的不育系，如金 23A、新香 A，用量为 150~180 克/公顷；对赤霉酸反应不敏感的不育系，如 V20A、珍汕 97A 等，用量为 225~300 克/公顷。

最佳用量的确定还应考虑如下情况：提早喷时剂量减少，推迟喷施时剂量增加，苗穗多的应增加用量，苗穗少的应减少用量；遇低温天气应增加剂量。

2. 赤霉酸的喷施次数

赤霉酸一般分 2~3 次喷施，在 2~3 天内连续喷。抽穗整齐的田块喷施次数少，有 2 次即可。抽穗不整齐的田块喷施次数多，需喷施 3~4 次。喷施时期提早的应增加次数，推迟的则减少次数。分次喷施赤霉酸时，其剂量是不同的，原则是"前轻、中重、后少"，要根据不育系群体的抽穗动态决定。如分 2 次喷施，每次的用量比为 2:8 或 3:7；分 3 次喷施，每次的用量比为 2:6:2 或 2:5:3。

（三）适宜方法

喷施赤霉酸最好选择晴朗无风天气进行，要求田间有 6 厘米左右的水层，喷雾器的喷头离穗层 30 厘米左右，雾点要细，喷洒均匀。用背负式喷雾器喷施，兑水量为 180~300 千克/公顷；用手持式电动喷雾器喷施，兑水量只需 22.5~30 千克/公顷。

六、人工辅助授粉

水稻是典型的自花授粉作物，在长期的进化过程中，形成了适合自交的花器和开花习性。恢复系有典型的自交特征，而不育系丧失了自交功能，只能靠异花授粉结实。当然，自然风可以起到授粉作用，但自然风力、风向往往不能与父母本开花授粉的需求吻合，依靠自然风力授粉不能保障制种产量，因而杂交水稻制种必须进行人工辅助授粉。

(一) 人工辅助授粉的方法

目前主要使用以下3种人工辅助授粉方法。

1. 绳索拉粉法

用一长绳（绳索直径约0.5厘米，表面光滑），由两人各持一端，沿与行向垂直的方向拉绳奔跑，让绳索在父母本穗层上迅速滑过，振动穗层，使父本花粉向母本行中飞散。该法的优点是速度快、效率高，能在父本散粉高峰时及时赶粉。但该法的缺点：一是对父本的振动力较小，不能使父本花粉充分散出，花粉的利用率较低；二是绳索在母本穗层上拉过，对母本花器有伤害作用。

2. 单竿赶粉法

一人手握一长竿（3~4米）的一端，置于父本穗层下部，向左右成扇形扫动，振动父本的稻穗，使父本花粉飞向母本行中。该法比绳索拉粉速度慢，但对父本的振动力较大，能使父本的花粉从花药中充分散出，传播的距离较远。但该法仍存在花粉单向传播、不均匀的缺点。适合单行、双行父本栽插方式的制种田采用。

3. 双竿推粉法

一人双手各握一短竿（1.5~2.0米），在父本行中间行走，两竿分别放置父本植株的中上部，用力向两边振动父本2~3次，使父本花粉从花药中充分散出，并向两边的母本行中传播。此法的动作要点是"轻压、重摇、慢放"。该法的优点是父本花粉更能充分散出，花药中花粉残留极少，且传播的距离较远，花粉散布均匀。但是赶粉速度慢，劳动强度大，难以保证在父本开花高峰时及时赶粉。此法只适宜在双行父本栽插方式的制种田采用。

目前，在制种中，如果劳力充裕，应尽可能采用双竿推粉或单竿赶粉的授粉方法。除了上述 3 种人工赶粉方法外，还研究出了一种风机授粉法，可使花粉的利用率进一步提高，异交结实率可比双竿推粉法高 15.5%左右。

（二）授粉的次数与时间

水稻不仅花期短，而且一天内开花时间也较短，一天内只有1.5~2 小时的开花时间，且主要在上午、中午。不同组合每天开花的时间有差别，但每天的人工授粉次数大体相同，一般为 3~4次，原则是有粉赶、无粉止。每天赶粉时间的确定以父母本的花时为依据，通常在母本盛开期（始花后 4~5 天）前。每天第一次赶粉的时间要以母本花时为准，即看母不看父；在母本进入盛花期后，每天第一次赶粉的时间则以父本花时为准，即看父不看母；这样充分利用父本的开花高峰花粉量来提高田间花粉密度，促使母本外露柱头结实。赶完第一次后，父本第二次开花高峰时再赶粉，两次之间间隔 20~30 分钟，父本闭颖时赶最后一次。在父本盛花期的数天内，每次赶粉均能形成可见的花粉尘雾，田间花粉密度高，使母本当时正开颖和柱头外露的颖花都有获得较多花粉的机会。所以赶粉次数不一定多，而是赶准时机。

七、严格除杂去劣

为了保证生产的杂交种子能达到种用的质量标准，制种全过程中，在选用高纯度的亲本种子和采用严格的隔离措施基础上，还应做好田间的去杂去劣工作。要求在秧田期、分蘖期、抽穗期和成熟期进行（表2-1），根据三系的不同特征，把混在父母本中的变异株、杂株及病劣株全部拔除。特别是抽穗期根据不育系与保持系有关性状的区别（表2-2），将可能混在不育系中的保持系去除干净。

表2-1 水稻制种除杂去劣时期和鉴别性状

秧田期	分蘖期	抽穗期	成熟期
叶鞘色、叶色、叶片的形状、苗的高矮。以叶鞘色为主要识别性状	叶鞘色、叶色、叶片的形状、株高、分蘖力强弱。以叶鞘色为主要识别性状	抽穗的早迟与卡颈与否、花药性状、秆尖颜色、开花习性、柱头特征、花药性状和叶片形状大小有关。以抽穗的早迟、卡颈与否、花药性状、秆尖颜色为主要识别性状	结实率、柱头外露率和秆尖颜色。以结实率为主，结合柱头外露识别性状

表2-2 不育系、保持系和半不育株的主要区别

性状	不育系（A）	保持系（B）	半不育株（A′）
分蘖力	分蘖力较强，分蘖期长	分蘖力一般	介于A与B之间
抽穗	抽穗不畅，穗颈短，包颈重，比保持系抽穗迟2~3天且分散，历时3~6天	抽穗畅快，而且集中，比不育系抽穗早2~3天，无包颈	抽穗不畅、穗颈较短，有包颈，抽颈基本与不育系同时，历时较长且分散
开花习性	开花分散，开颖时间长	开花集中，开颖时间短	基本类似不育系
花药形态	干瘪、瘦小、乳白色，开花后成线状，残留花药呈淡白色	膨松饱满，金黄色，内有大量花粉，开花散粉后成薄片状，残留花药呈褐色	比不育系略大，饱满些，呈淡黄色，花丝比不育系长，开花散粉后残留花药

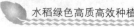

（续表）

性状	不育系（A）	保持系（B）	半不育株（A′）
花粉	绝大部分畸形无规则，对碘化钾溶液不染蓝色或浅着色，有的无花粉	圆球形，对碘化钾溶液呈蓝色反应	一部分呈淡褐色，一部分呈灰白色；一部分圆形，一部分畸形无规则；对碘化钾溶液，一部分呈蓝色反应，一部分浅着色或不染色

八、加强黑粉病等病虫害的综合防治

制种田比大田生产早，禾苗长得青绿，病虫害较多。在制种过程中要加强病虫鼠害的预防和防治工作，做到勤检查，一旦发现，及时采用针对性强的农药进行防治。近年来，各制种基地都不同程度地发生稻粒黑粉病的为害，影响结实率和饱满度，对产量和质量带来极大的影响。各制种基地必须高度重视，及时进行防治。目前防治效果较好的农药有多菌灵、三唑酮等。在始穗盛花和灌浆期的下午以后喷药为宜。

九、适时收割

杂交水稻制种由于使用激素较多、不育系尤其是博 A、枝 A 等种子颖壳闭合不紧，容易吸湿导致穗上芽，影响种子质量。因此，在授粉后 22～25 天，种子成熟时，应抓住有利时机及时收割，确保种子质量和产量，避免损失。收割时应先割父本及杂株，确定无杂株后再收割母本。在收、晒、运、贮过程中，要严格遵守操作规程，做到单收、单打、单晒、单藏；种子晒干后包装并写明标签，不同批或不同组合种子应分开存放。

第三章 水稻育秧技术

第一节 精选种子

一、良种选择

（一）水稻优良品种的特点

水稻优良品种应具备下列特点。

1. 产量高

高产是优良品种最基本的条件。

2. 抗逆性强

包括生物抗性（如抗稻瘟病、白叶枯病、二化螟、稻飞虱等）和非生物抗性（包括耐旱、耐寒、耐涝和耐高温）。

3. 品质好

一要加工出米率高，二要外观好看，三要好吃；在评价米质优劣的诸多指标中，整精米率、垩白率、垩白度、直链淀粉含量、胶稠度和食味最为重要。

4. 适应性广

指在不同的土壤、气候和栽培条件下大面积生产都能生长良好并能获得高产。

（二）水稻优良品种的选择

1. 结合当地的生产条件

当地的积温、水稻生育期、降水情况、栽培水平、土壤肥力、水资源情况、病虫害发生等多方面因素都与该水稻匹配才属于良种。

例如，在稻瘟病易发区应选用抗病性强的品种；在低温冷害易发地区应选用抗低温冷害强的品种；在土质肥沃，栽培水平高、自流灌溉区应选择耐肥抗倒伏品种；在水源不足地区应选择耐旱品种，同时还要做到早、中、晚合理搭配，做到"种尽其用，地尽其力"。

2. 明确种植的品种类型

如长粒、中长粒、圆粒、香型、不香型等，带有目的地去考察。

从市场经济需要出发选择水稻优良品种。随着生产的发展和人们生活水平的提高，人们对稻米品质的要求越来越高，消费者喜欢食用外观品质和食味均好的优质稻米，在市场上优质米的价格明显高于一般稻米，农户也愿意种植既高产又优质的新品种。因此，要以市场为导向，选择优良品种。

3. 所选品种必须是审定的品种

可以在国家水稻数据中心网站（网址：https：//www.ricedata.cn/）上查看所选品种是不是审定品种。

4. 选择有实力的种业企业提供的品种

从具有"三证"的实际情况出发选择水稻优良品种。"三证"是种子销售许可证、种子质量合格证、经营执照。防止购买假种、劣种和不合格品种，选择达到国家标准的良种。同时还要选择标准化和规范化良种，如良种包装、合格证、说明书、标签、名称、品种特性、适应范围、注意事项等。

5. 留有购物凭证

要留好包装袋和种子标签，在种植收获前勿丢弃。如果在种植培育过程中出现质量问题，以上材料可以作为购买产品质量维权的有力凭证。

二、选种方法

选用粒饱、粒重和大小整齐的种子是培育壮秧的一项有效措施。精选种子时可以剔除混在种子中的草籽、杂质、虫瘿和病粒等，提高种子质量。选种可用筛选、粒选、风选或溶液选等几种方法。其中盐水选种原料易得，价格便宜，溶液浓度相对稳定，选种效果好。

（一）筛选

选用筛孔适当的清选器具，人工或机械过筛，清选分级，选出饱满、充实、健壮的种子作播种材料。

（二）粒选

根据一定标准，用手工或机械逐粒精选具有该品种典型特征的饱满、整齐、完好的健壮种子作为播种材料。

（三）风选

风选又称扬谷、簸谷、扬场。通过人工或动力抛掷种子，借自然风力或鼓风机或吸风机等机械风力，吹去混于种子中的泥沙杂质、残屑、瘪粒、未熟或破碎籽粒，选留饱满、洁净的种子。风选方法简单易行，但易受外界自然风力不稳定性和种子中杂物种类的影响，选种不彻底。风选出的种子一般不易达到播种要求。

（四）泥水选

一般的做法是用 50 升的水，兑入 20 千克左右的黏黄泥，充分搅拌后，使黄泥中的胶粒悬浮在水中。当泥水的相对密度达到 1.08~1.13 时，用笋筐装干种置于泥水中搅拌，捞出浮在泥水上面的瘪粒、草籽及其他漂浮物。泥水的相对密度可用密度计测定，没有密度计时可用新鲜鸡蛋测试。把鸡蛋放在泥水中，蛋壳露出水面有一元硬币大小即可。泥水为悬浮液，黏土胶粒容易下沉，泥水密度随时都能改变，要不断地搅拌。选种量较多时，黏土胶粒易吸附在种子表面被带走，所以在选种过程中还要不断往泥水中加入黄泥。选好的种子必须清洗干净。泥水选种用的黄泥可以就地取材。用后的泥水可以倒掉，对环境没有任何污染。操作动作要求连续而快捷，否则选种不彻底。

（五）盐水选和硫酸铵水选

每 50 升水中加入 10~12 千克食盐或硫酸铵，配制成相对密度为 1.08~1.13 的溶液，其操作方法与泥水选种相同。盐水选好的种子，要用清水洗净附在谷粒表面的盐水后再进行浸种。剩下的盐水可以熬制土盐作饲料添加剂，不得随处乱倒，防止对环境造成污染。硫酸铵水选出的种子不必清洗，可直接浸种催芽，而硫酸铵水则可作肥料使用。盐水、硫酸铵水均为溶液，浓度变化小，选出的种子质量好。选种选出的秕粒和半仁谷粒可用清水冲洗干净后，晒干作饲料用。

杂交稻种子饱满度差，一般仅用清水选种。

第二节　种子处理

一、种子浸种

浸种是指播种前将种子浸泡于清水或水和药剂组成的一定浓度的溶液中的过程。

吸足水分的稻谷壳半透明，腹白分明可见，胚部膨大突起，胚乳变软，否则说明吸水不足。浸种的水必须没过种子，使种子吸足水分，浸种时间应充分，浸种时间不足，吸水不够，种谷出芽就不齐。但也并非浸种时间越长越好，浸种时间过长，会使种子养分外溢，且易缺氧窒息，造成酒精发酵，降低发芽率和抗寒性。达到稻种萌发要求的最适水分所需的吸水时间，水温 30℃时约需 30 小时，水温 20℃时约需 60 小时，要正确掌握浸种时间。杂交稻种子不饱满，发芽势低，采用间隙浸种或热水浸种的方法，可以提高发芽势和发芽率。催芽时仍需保持稻种足水状态（以种皮湿润、谷堆不见明水为宜）。如种子缺水则根长芽短，水分过多则芽长根短，达不到根芽同长的壮芽要求。浸种前和浸种过程中种子必须洗净，经常更换浸种水，最好将稻种装入麻（草）袋内，直接放到流动水中浸种，从而使种子吸入新鲜水分。

二、种子杀菌消毒

水稻的病虫害有些是由种子带菌或带虫传播的，为了杀死附在种子表面和颖壳与种皮之间的病原菌，如水稻的恶苗病菌、立枯病菌、稻曲病菌、白叶枯病菌、稻瘟病菌、胡麻叶斑病菌和水稻干尖线虫等，常用浸种消毒的办法，此方法是防治病虫害经济有效的措施。生产上一般将浸种和消毒结合进行，方法有以下几种。

（一）温汤浸种

先将种谷在冷水中浸 24 小时，然后用箩筐滤水后，放入 40~45℃的温水中浸 5 分钟，再移入 54℃的温水中浸 10 分钟，然后将水温保持在 15℃左右浸至种子达到饱和。温汤浸种可以杀死稻瘟病菌、白叶枯病菌、恶苗病菌、干尖线虫等。

（二）草木灰浸种

用草木灰浸种，水面会形成一层灰膜，可闷杀稻种上的病原菌，并能促进种子早发芽。其方法是先筛去草木灰杂物，然后在清水中加入草木灰，取液浸泡稻种，搅拌 1 分钟，捞出浮在水面上的稻谷，静置浸泡 1~2 天，切不可碰破浸种液面上形成的灰膜，否则会降低杀菌效果。将浸好的稻种捞出后放到 55℃ 温水中，搅拌后浸泡 3 分钟，然后立即将稻种装入箩筐中催芽。

（三）石灰水浸种

其杀菌的原理是石灰水与二氧化碳接触而在水中形成碳酸钙结晶薄膜，隔绝了空气，从而使种子上吸水萌发的病菌得不到空气而闷死。方法是 50 千克水加入 0.5 千克生石灰。先将石灰溶解后滤去渣屑，然后把种子放入石灰水内，50 升的石灰水可以浸种 30 千克，石灰水面应高出种子 17~20 厘米。在浸种过程中，注意不要搅动水层，以免弄破石灰水表面薄膜导致空气进入而影响杀菌效果。浸种时间因气温不同而有变化，一般情况下，温度在 10℃ 时浸种 5 天左右；15℃ 时浸种 4 天左右；20℃ 时浸种 3 天；25℃ 时浸种 2 天。配制石灰水时一定要用清洁的水，不能用污水和死水。浸过的种子，捞出后应立即用清水冲洗干净。

（四）沼液浸种

将精选的稻种放进装有沼液的容器中浸泡，或将种子放入编织袋中，将袋口扎紧，拴上绳子吊在沼气池出料口，直接在沼气池浸泡。当室温在 11~15℃ 时，浸泡 2~3 天；当温度低于 11℃ 时，延长浸种时间；当温度高于 15℃ 时，缩短浸种时间。浸种后用清水洗种。用沼液浸种，秧苗色深，植株健壮，根系发育好。

（五）药剂拌种或浸种

防治恶苗病，可选用氰烯菌酯、咯菌腈、精甲·咯菌腈、甲·嘧·甲霜灵、乙蒜素、氟环·咯·精甲等药剂浸种或拌种。防治干尖线虫病，可选用杀螟丹及其复配剂浸种。恶苗病与干尖线虫病混发时，可选用杀螟·乙蒜素、杀螟丹+氰烯菌酯等药剂浸种或拌种。

如生产上可选用 25% 氰烯菌酯悬浮剂 2 000~3 000 倍液，或

20%氰烯·杀螟丹可湿性粉剂 600~800 倍液、17%杀螟·乙蒜素可湿性粉剂 200~400 倍液浸种；或 62.5 克/升精甲·咯菌腈悬浮种衣剂 300 毫升，加水 1 700 毫升，搅拌包衣稻种 100 千克；或 12%甲·嘧·甲霜灵悬浮种衣剂 250~500 毫升，加水稀释至 1~2 升，搅拌包衣稻种 100 千克；或 31%戊唑·吡虫啉悬浮种衣剂 300~900 毫升，加水稀释至 2~3 升，搅拌包衣稻种 100 千克。

对灰飞虱、稻蓟马发生较重地区，可用吡虫啉、噻虫嗪、噻虫胺等药剂浸种或拌种。如针对稻蓟马，可用 30%噻虫嗪悬浮剂 100~300 毫升，加水 1~2.5 升稀释后搅拌包衣 100 千克稻种；或 100 千克水稻种子先浸种催芽至露白，再用 600 克/升吡虫啉悬浮种衣剂 200~400 毫升稀释后搅拌包衣。

对细菌性条斑病、白叶枯病等细菌性病害发生区，应用三氯异氰尿酸、氯溴异氰尿酸浸种或噻唑锌拌种。40%三氯异氰尿酸可湿性粉剂 300 倍液浸种，先用清水预浸 12 小时，后用药水浸 12 小时，然后捞起，用清水洗净，再用清水浸至种子饱和。可预防细条病、恶苗病、白叶枯病和稻瘟病等。

对稻瘟病重发地区及其感病品种，应用 24.1%肟菌·异噻胺种子处理悬浮剂包衣。药剂浸种时间要保证在 48~60 小时，浸后不用淘洗，直接播种或催短芽播种。要注意浸匀浸透，浸种时药液要淹没稻种。

（六）种子包衣

可选用 25%噻虫·咯·霜灵悬浮种衣剂（壮籽动力）进行干籽包衣或芽籽包衣。

1. 干籽包衣

精选种子后，用壮籽动力 100 克+助剂，兑水 1.25~1.5 升，手工或机械包衣 35~50 千克种子，阴干（固化）后浸种催芽或播种。注意，包衣种子宜在阴凉通风处晾干固化，严禁强光暴晒。药膜阴干固化后再浸种，以免脱药降效。浸种时不换水。

2. 芽籽包衣

精选种子后，浸种催芽至破胸露白，将经浸种破胸露白的种子35~50千克，用壮籽动力100克+助剂，兑水1.25~1.5升，包衣处理，然后播种。注意不可过度催芽，至破胸露白即可，包衣时不可大力搅拌，以免伤芽。播种时需保持田面平整、湿润（成泥浆状）、无明水、温度适宜，以确保顺利发芽。

三、种子催芽

稻种催芽就是根据种子发芽过程中对温度、水分和氧气的要求，利用人为措施，创造良好的发芽条件，使种子发芽达到"快"（2~3天催好芽）、"齐"（发芽率90%以上）、"匀"（芽长整齐一致）、"壮"（芽色白，无异味，芽长半粒谷、根长一粒谷）的目的。

（一）催芽适宜温度

稻种萌发的最低温度是10~12℃，最适温度是30℃。催芽的方法很多，因热源和保温方式不同，有室内堆种催芽、火炕催芽、大棚催芽等。这些只是设备、器具和场所不同，其原理和技术要求基本一致。种子吸足水分后，温度是破胸的主要条件。根据试验，30℃时种子生理活动旺盛破胸快而齐，超过40℃，持续3小时以上，易产生高温伤芽。一般先将吸足水分的种子捞出后加覆盖物，使谷堆温度保持在30℃左右为宜，利于迅速破胸。催芽期间要经常翻动种子堆，保持种子上下、内外温度均匀发芽一致，防止高温烧坏种子，确保根壮芽粗，有利于播种后扎根快，出苗齐。

（二）催芽方法

1. 室内催芽

浸好的种子捞出来，放在火炕上堆起来，底下垫10厘米左右稻草，铺上一层麻袋，种子上面盖上浸湿的麻袋或草袋子，保温透气。靠种子自然出芽，需 2 天左右种子堆的温度才能达到20℃，到20℃时才刚见芽。当种子堆的温度达到20℃时，自然升温是很快的，要勤检查，每天上下、内外翻动 2~3 次。水分少，种子发白，用手攥后松开，大部分种子落下去，只有极少部分种子粘在手上，说明缺水，补水时要用和种子温度相近的温水；如果水分太多，用手一攥，指缝有水出来，说明水分太多，应散开种子堆，让水分散失后，再堆起来催芽；当用手攥种子松开后，大部分种子落下，而有一部分种子粘在手上，这时种子的水分正好，无需加水。当胚芽长度达到种子长的一半，外观可看到露白或破胸，即催芽完毕。

2. 大棚里催芽

种子吸足水分之后，捞出来放在大棚内催芽，要掌握好水分和温度，每天翻 2~3 次，因为大棚内温度均匀，出来的芽整齐一致。催芽以破胸为标准。

第三节 水稻育秧方式

当前水稻育秧的方式多种多样，应用较多的有湿润育秧、旱育秧、场地育秧、工厂化育秧等。栽培方式不同，所需秧苗栽插秧龄不同，选择育秧场地不同，其育秧的方式也有所差别。

一、湿润育秧

在秧田开沟、分厢播种、泥浆踏谷、薄膜覆盖，播种后以湿润或浅水灌溉为主的育秧方法。采用稀播、保温催芽播种，以安全抽穗开花期和适宜秧龄来确定适播种期。在早稻低温阴雨天气，湿润育秧播种后需要加盖薄膜、地膜、无纺布等覆盖保温，防止烂种烂秧、提高秧苗素质。

需要注意的几个操作要点如下。

（1）适温催芽：把浸足水的谷种用袋子套好，要保证谷种萌发所需的空气，晚间室内保温，催芽适温为 30℃，过低出芽慢，过高会烧芽，待种子露白（谷种发芽）即可播种。

（2）常规湿润育秧：出叶前，畦面不上水，以湿润为度；出叶后，浅水勤灌，做到以水调温、调肥、促萌。

（3）用大棚或小拱棚育秧：从播种到 1 叶 1 心期以盖膜保温为主，膜内温度为 26~31℃，晴天中午时应揭开两头薄膜通气，避免温度过高烧苗，早晚再密封保温。1 叶 1 心后逐渐炼苗。3 叶 1 心后，当气温稳定在 13℃ 以上时，可选择晴天上午揭开薄膜，揭膜前一定要灌水护苗，谨防温度变化大影响秧苗。

二、旱育秧

旱育秧是一种节水型的育秧方式，特点是旱整地、旱管理，土壤中氧气多，秧苗根系发达，活力强，移栽后发根快，成活早。在播种后秧田一直保持湿润，在移植前仅灌一次水，使秧块变硬，便于连苗带土移植。

需要注意的几个操作技术要点如下。

（1）水稻旱育秧的关键是床土的调酸、消毒、配肥，可施用旱秧调节剂、"旱育保姆"或壮秧剂，均可起到消毒、调酸、施肥、化控、壮秧的作用，简化旱育秧苗床制作较为复杂的操作程序。

（2）苗期管理，播种至出苗，密封薄膜保温温度为 30~32℃，温度高于 35℃ 时，揭开两头地膜降温。出苗至 2 叶 1 心适温 21℃，高于 25℃ 应通风降温，看墒情适当施肥浇水。3 叶 1 心后可揭膜炼苗，控水促根。

（3）注意防治立枯病、青枯病和稻瘟病等。

三、场地育秧

包括小苗带土移栽育秧和机插水稻的基质育秧，主要采用密播、短秧龄、带土浅插，具有省秧田、省种子、省肥、省工、增产的效果。

技术要点如下。

（1）作床。选地势高、平坦、背风向阳、浇水方便的空闲地、场地作苗床基地。土壤作底的苗床由于不保水，可铺一层旧塑料布垫底。苗床场地上用粗草绳或土做埂围成10厘米宽秧畦，秧畦间隔20厘米宽，用作走道。在秧畦上铺2~3厘米厚的河泥或以细碎过筛的熟土混合20%~30%的猪粪，施适量的硫酸铵及过磷酸钙。

（2）播种。苗床床面平整后，浇一次透水，抹平后即可播种。将种子浸种，露白时播种，做到匀播，泥不见天，籽不重叠。播后覆盖细土或粉煤灰。

（3）管理。浇水要少量勤浇，保持畦土湿润。在种子出苗现青后，适当控制水分，使幼苗扎根良好，在气温变化时要注意保温防冻，以免发生死苗。在起秧前2~3天，停止浇水。

四、工厂化育秧

工厂化育秧是近年根据机插秧栽培的需要发展起来的新技术，将具有高度自动化设施的智能温室用于水稻育秧。

其育秧设备及技术要点如下。

（1）前处理。除工作室外，包括筛土机、肥料搅拌机、水槽、催芽设备、育秧盘装土、播种设备和育秧盘等，将育秧盘装土播种、覆土浇水等作业实现了自动化。

（2）出苗处理。出苗期要求室温为30~32℃的恒温温度，采用亮处出苗和暗处出苗两种方式。

（3）绿化处理。秧盘架上放置多层育秧盘和温床中平放育秧盘，温床中平放育秧盘的方式占地面积大，但可用喷洒器浇水，提高工效。

（4）"蹲苗"处理。"蹲苗"阶段摆放育秧盘的方式与绿化阶段一样，可自动浇水。

第四节　水稻秧田期管理技术

一、秧苗生长期特点

（一）地上部分的生长

稻种发芽出苗时，最初是包被幼芽外面的芽鞘伸出地面，成为鞘叶，呈筒状，没有叶片，没有叶绿素，芽鞘伸长到一定程度，从中抽出一片叶来，具有叶绿素，叶片很小，肉眼看不到，只见叶鞘，所以一般叫它不完全叶，当不完全叶伸长达1厘米左右，秧田里呈现一片绿色，便称为"出苗"。出苗后2~3天，从不完全叶内抽出第一片完全叶，具有叶鞘和叶片。秧苗的叶龄，一般是按照完全叶的数目计算的，再经2~3天，长出第二片完全叶，到第三片完全叶展开时，称为"3叶期"，幼苗进入独立生活，故亦称"离乳期"。第一片真叶长短较固定，一般为1~1.5厘米，第二片叶变化较大，在正常环境中生长，一般长为3~5厘米，在高温、高湿条件下可长达10厘米以上，控制第二片不徒长是培育壮秧的重要指标。

（二）地下部分的生长

稻种发芽时，先由胚根向下延长成种子根，像钉子一样垂直扎入土中，种子发芽出苗时，主要靠它吸收水分和养料。接着在胚轴的芽鞘节上开始发根。芽鞘节根一般为5条，由于芽鞘节根像鸡爪一样抓住土壤，秧苗生长初期主要靠这种根。这种根在秧苗立针时开始出现，到1叶1心期大部分形成，所以这一阶段秧田管理中苗床不宜浇水，以扎根立苗，防止倒苗烂秧。从3叶期开始，随着叶片的伸出，依次从不完全叶节及完全叶节上长出根来，统称为"节根"。这种根的数目由于培育条件不同而有较大的变化，又称"不定根"。不定根比较粗壮，具有通气组织。所以秧田管理在3叶期前苗床要保持通气，到3叶期以后，就可以经常保持水层了。

二、水稻秧苗管理技术

（一）壮苗标准

秧苗管理是培育壮秧的关键。壮苗标准：秧龄30~35天，叶龄3.5~4.0叶，秧苗整齐，株高13~15厘米，茎扁平，叶挺清秀，有弹性，带蘖率20%以上。

（二）秧苗管理关键技术

不管用哪种方法育秧，秧苗的管理都十分重要。

1. 温度管理

播种后至1叶露尖，温度以保温为主，保持温度在28~30℃，最适温度为25~28℃，2叶期保持25℃，3叶期保持20~22℃，最低不能低于10℃。水稻出苗绿化后要揭掉地膜，一般在晚上揭地膜为好，这时温差小，秧苗适应环境快。

如果中午气温高时揭地膜，由于秧苗水分蒸腾快，根部吸水慢，易造成秧苗生理性失水。揭地膜后就可进行小通风，随叶龄的增长，可以加大通风炼苗的时间，在2.5叶期温度不得超过25℃，如果高于25℃，就要及时通风降温，以防出现早穗现象，如果夜间没有霜冻可不覆膜。

2. 苗床水分管理

在播种前浇透底水的情况下，原则上在 2 叶前尽量不要浇水，以后浇苗床水应在早、晚叶片叶尖不吐水、午间新展开的叶片卷曲、苗床土表发白时进行，应把上午晒温的水一次浇透，尽量减少浇水次数，切记不要冷水灌床，以防止冷水僵苗，影响秧苗的生长发育。

尽量做到旱育壮苗，俗话说"旱生根，湿长苗"，要想秧苗盘根好，就必须控制苗床水分。秧苗只有在旱育状态下才能促进根系发育，特别是在插秧前 2~3 天最好不要浇水，使秧苗根部保持旱育。

3. 控制秧苗徒长，矮化促蘗

培育壮苗的关键是控制徒长，多效唑具有抑制秧苗伸长、促进分蘗的作用，能提高秧苗叶绿素的含量，增强酶的活性，利于代谢，增强抗旱、抗寒能力。

一般在出苗 15 天后喷施，每平方米用 15% 多效唑可湿性粉剂 0.2~0.3 克促蘗矮化效果较好。壮苗标准：秧龄 30~35 天，叶龄 3~3.5 叶，苗高 12~14 厘米，单苗根数 8~11 条，带蘗率 30% 以上。

4. 水稻秧苗期病害防治

水稻秧苗期主要病害是水稻立枯病。水稻立枯病是水稻常发性病害，分生理性和病理性两种。

生理性立枯病主要发病原因是秧苗对土壤酸碱度、水、肥、气、热条件不适而发生的病状，主要表现为植株矮化、变黄、新根少或无新根，发病轻时苗床秧苗变黄，发病中心成锅底状黄化，重时秧苗成片枯死。

病理性立枯病是由于土壤中病源真菌侵染而引发的一类病

害，表现为秧苗植株基部腐烂、矮化、黄化，用手拔植株时根部易断。

这两种病害严重影响了水稻秧苗素质和水稻单产的提高，应采取预防为主的综合防治措施，控制苗床的温度和湿度，培育壮苗，提高秧苗的抗病力。立枯病发病时用3%甲霜·噁霉灵水剂兑水喷施可有效防治。

5. 苗床除草

在苗床封闭灭草的基础上，进行人工除草，封闭灭草效果不好的，可在水稻1叶1心期用16%敌稗乳油处理，选择晴天上午9—10时或下午3—5时喷药，避开高温（棚内温度不高于30℃）时段，每100米^{2}用16%敌稗乳油100~150毫升，兑水3~5千克均匀喷雾，喷药后30~40分钟盖膜正常管理。

6. 苗床追肥

秧苗2.5叶期发现脱肥，每100米^{2}用硫酸铵1.5千克，稀释100倍液叶面喷肥，喷后及时用清水冲洗叶面。

7. 水稻秧苗移栽前的准备

水稻移栽前要做到"三带"。

一带土，带土能保证插秧质量，有利于秧苗快速活棵返青；二带肥，每平方米苗床施磷酸二氢钾150克，然后浇水洗苗，能促进根系发育；三带药，每100米^{2}苗床用4克10%吡虫啉可湿性粉剂兑水喷施防治潜叶蝇，同时喷施75%三环唑水分散粒剂或天丰素芸苔素内酯1 500倍液。提倡早整地、早插秧。

（三）秧苗期阶段管理

1. 前期管理技术

前期（播种至出苗），密封期。5~7天密封管理，注意保温，温度控制在30℃，如果温度超过30℃，要开棚降温。

2. 中期管理技术

中期（出苗至2叶1心期），炼苗期。此期是育苗的关键时期。

（1）出苗至 1 叶 1 心期，是保温时期，适宜温度为 25～28℃，如温度过高也在晴暖天早 9 时至下午 3 时开棚通风，夜间盖棚要防低温冷害。此期如果发生立枯病，每平方米用 20%噁霉·稻瘟灵乳油 2 毫升或 30%甲霜·噁霉灵水剂 1.8 毫升兑水 2.5 升浇苗床，同时用 700~1 000倍硫酸水喷洒，效果更好。

（2）1 叶 1 心期至 2 叶 1 心期，5~6 天，温度要控制在 20~25℃，防治高温徒长，要严格掌握温度，随时通风炼苗。

3. 后期管理技术

后期（2 叶 1 心期至起秧），揭膜期。温度控制在 20℃，采用背风面棚膜打开、昼揭夜盖、最后全揭逐步通风的办法。此时期气温高，蒸发、蒸腾量大，易得生理性立枯病，所以要加强水分管理，如缺水要及时补浇 800 倍硫酸水。

第四章　水稻抛秧绿色高质高效种植技术

第一节　水稻抛秧种植概述

一、水稻抛秧栽培技术

水稻抛秧栽培技术是指采用钵体育苗盘培育出根中带有营养土块的水稻秧苗，或采用旱育秧育出秧苗后用手工掰成块状，通过抛秧使秧苗根部向下自由落入田间定植的一种水稻栽培法。它将长期以来水稻生产中的人工手插秧改变为直接向田间抛撒秧苗，给千百年来弯腰曲背艰辛劳作的农民减轻了劳动强度，提高了工作效率，受到科研、推广部门及广大农民的欢迎。

二、水稻抛秧的优点

1. 节省劳力，减轻劳动强度

一个熟练的劳动力每天可抛载 0.2~0.3 公顷大田，比手工栽插提高 4~5 倍，而且劳动强度小，缩短了栽秧时间，抢抓住了插秧季节。

2. 有利于稳产、高产

抛秧栽培水稻可缩短返青期，促早生快发，尤其是低位分蘖增多，提早成熟，有利于高产、稳产。例如，某市农技中心的测产显示，早稻抛植栽培每公顷产量 7 605 千克，比手工插植增加稻谷 301.5 千克，晚稻抛植每公顷产量 7 980 千克，比手工插植增加稻谷 495 千克。

3. 省种、省专用种田，且有利于集约化育秧

抛秧栽培的秧田与本田比一般为 1：（30~50），且秧苗成秧率高，每公顷晚稻大田可省杂交稻种 7.5~11.25 千克，晚稻省杂交稻种 7.5 千克，早、晚稻各省 90% 的秧田。

4. 节省成本，提高经济效益

据试验，每公顷大田省地膜、拱架等成本 150 元，省早晚稻种子 60 元、育秧肥料 45 元，扣除育秧盘折旧费 105 元，双季稻可省成本 150 元，加上增产的效益、节省秧田的费用 810 元，推广 1 公顷双季稻抛植栽培可净增值 960 元。

5. 具有较高的社会效益

抛秧栽培可节省专用秧田，增加种植面积，有效提高土地利用率；可节省劳动力，有利于促进农村二、三产业的发展；还有利于工厂化育秧，促进农业社会化服务体系的发展。

第二节　抛秧稻的生育特点

抛秧栽培无需手工一蔸一蔸地插秧，而是经历一种由抛到落的过程，抛栽小苗带土、秧根入土浅，田间无行株距规格，抛后秧苗姿态不一，有的直立，有的平躺，因此，与移栽稻相比，秧苗的生育特点有很大差异。

一、秧苗活蔸快，没有明显的返青期

据观察，一般中小苗抛栽，抛后 1 天露白根，2 天基本扎

根，3天长新叶。

二、分蘖早、节位低、数量多，但成穗率稍低

水稻抛植栽培，茎节入泥浅，分蘖节位低，分蘖数增加，最高茎蘖数明显高于手插秧。据对杂交晚稻汕优64测定，抛植比插植分蘖节位低2~3个，最高茎蘖数比手插增加30%左右。

三、根系发达

抛栽的秧苗伤根少、植伤轻、入土浅，发根比手插秧早。抛后由于新叶不断发生，分蘖增多，具有发根能力的茎节数迅速增多，发根力增加，根量迅速扩大，且横向分布均匀。据观察，杂交晚稻威优64抛后3天，抛植比手植的单株白根多5.2条，分蘖盛期总根数多31.6%，白根数多27.3%。

四、叶面积大、叶片多

水稻抛栽后，前期出叶速度快，总叶片数多，后期绿叶数多。此外，叶片张角大，株型较松散，田间通风透光性好。抛秧稻各生育期叶面积指数均较大，据在江苏淮阴测定，抛植汕优63最大叶面积指数比手插稻高12.45%，成熟时生物产量高10.89%。

五、单位面积穗数多，穗型偏小，穗型不够整齐

据测定，抛植汕优63下层穗占14.1%~19.8%，较手插多2.7%~5.9%，穗数比手插高14.6%。每穗实粒数107.5粒，比手插少5.1粒，结实率、空秕率与手插相当。抛秧稻产量比手插稻产量高10.3%。

第三节　抛秧稻绿色高质高效配套技术

一、抛栽时间

不同的稻区因气候条件和栽培品种不同，抛秧期的变化较大。在生产条件许可的情况下，在温度适宜的范围内，抛秧宜早不宜迟，早抛可以充分利用生长季节，延长大田营养期，增加有效分蘖和营养物质积累。早稻应尽量早播早抛，以便早熟早让茬为双晚高产争取时间；晚稻应争取季节，抓住时机早播，因晚稻抛秧期越早，齐穗期越早，产量越高。

在确定抛秧期时，秧龄是重要因素。要做到播种期、抛秧期、秧龄期三协调。与常规手栽秧相比，塑盘秧播期稍迟，播量大，钵孔小，营养团小，秧龄期不宜长。根据本身的生育特点，纸筒育苗秧适宜的抛植叶龄为2.5~3，塑盘育苗秧的抛植叶龄为3~5。纸筒秧更应注意避免超龄秧。纸筒秧用超龄秧容易出现秧苗长或死苗，且育苗纸腐烂后难分秧，上根效果也差，底部串根难以起秧。

抛秧期的确定还要考虑气温。在一般情况下，温度是决定早稻抛秧期的关键。在当地日平均气温稳定通过15℃时是抛秧的最早温度界限。水稻秧苗根系只有在水温达到15℃以上时才能正常生长，因此，水温16（粳稻）~18℃（籼稻）也可作为抛秧适期的温度标准。由于抛栽根系入土浅，有一部分秧苗抛植后呈卧伏状态，只有在温度较高时才能迅速发新根、立苗、生长。

确定抛秧适期时还应考虑：叶龄宁短勿长；迟熟品种早播先抛，早熟品种迟播晚抛；秧田播种量大的先抛，播种量小的可晚些抛；多效唑处理的可比未处理的迟些抛。广东南部地区一般早稻可在 3 月底至 4 月初、晚稻可在 7 月下旬至 8 月初抛秧。北部地区早稻在 4 月 15—20 日、晚稻在 7 月 25 日前后抛秧。

二、抛秧密度

要充分发挥抛秧稻的高产优势，必须达到较多的穗数。抛秧稻的稻株大小不一，不能并株调整，每株稻苗的平均茎蘖数，一般比移栽稻少，需要增加一定的基本苗数来补偿，所以确定抛栽密度时，通常抛秧的基本苗应比同龄秧手插增加 10% 左右。

三、起秧与运秧

1. 控制水分

控制秧盘营养土块水分，使干湿适度。一般在抛秧前两天给秧盘浇一次透水，起秧时保持干爽，容易分秧。

2. 起秧与运秧

起秧时先松动秧盘，再把秧盘拿起，以免一次用力过猛而损坏秧盘；平地旱育的可用平板锹铲秧，厚度 5 厘米左右，保持根系不过分受损伤，并带有一定的土块。运秧时，盘育秧可先将秧苗拍打落入运秧筐内或直接将秧盘内折卷起装入筐中运往大田；平地旱育铲抛的可用筐或盆之类的工具运送。注意抛苗要随起随运随抛，不可放置过长时间。时间过长会出现萎蔫，影响活棵立苗。

3. 抛栽方法

（1）人工抛秧。一般土壤在耕田后土质松软、表面处于泥浆状态时，最适合抛栽。烂泥田耙后要等浮泥沉实后抛秧，不使秧苗下沉太深。砂质土要随耙随抛，有利于立苗。抛秧最好选在阴天或晴天的傍晚进行，这样抛栽后秧苗容易立苗。抛栽时人退着往后走，一手提秧篮，另一手抓秧抛，或者直接将秧盘搭在一只手臂上，另一手抓起秧苗，把根块抖一两下，使秧块散开即可抛栽。抛栽时要尽量抛高、抛远，抛高3米左右，先远后近，先撒抛，后点抛，先抛完70%~80%总秧量之后，每隔3米宽拉绳捡出一条30厘米宽的人行走道，以便田间管理以及开丰产沟烤田。再在人行走道中，将剩下的20%~30%秧苗补稀补缺，尽力使分布均匀一致，并用竹竿进行移稠补稀，如果一时来不及，移稠补稀可在抛后2~3天内做完。

（2）机械抛秧。机械抛秧的优点是抛秧效率比人工高，而且也比人工抛秧均匀。机械抛秧一般以抛栽中、小苗秧效果较好。机械抛栽具体操作技术应按不同型号机械操作说明进行。

第五章　水稻机插秧绿色高质高效种植技术

第一节　水稻机插种植概述

一、水稻机插栽培技术

水稻机械插秧是水稻规模化生产的基础，是水稻种植大户、家庭农场、专业合作社生产的主要措施之一。水稻机插栽培技术是现代农机技术与当代农艺技术相结合的一个典范。其核心技术是依据插秧机可靠的工作性能和熟练的人工操作技术，以土壤为载体，运用现代农技措施培育出适宜机插的秧苗并调整耕作方式，保证机插质量，调改肥水运筹，满足机插稻正常安全生长。从而实现省工、省时、节本、高产、高效的目的，具有大面积推广应用的技术优势。

二、水稻机插栽培技术的优点

1. 节省种子与秧田

机插秧采用毯状秧苗，播种密度较高，提高了秧田利用率，秧田和大田比例达1∶100，机插秧每亩大田仅用种子3~4千克，比抛秧省1~2千克，秧田面积仅需抛秧秧田的一半。可大幅度节约耕地、种子、农药、肥料和用工，从而增加农民收入。

2. 降低劳动强度和劳动成本

与抛秧栽培相比，机插栽培可大幅度降低劳动强度，具有明显的省工节本优势。一般人工手插水稻1亩需2~3个工日，采用插秧机栽插每亩只需0.15~0.2个工日，提高工效13~15倍。

3. 增产增收

机插秧移栽相对较早，适应性强。机插秧的直行、早栽、浅栽、定穴、定苗、密植、宽行，能充分利用土表温度、土壤透性、光合作用等优势，促进水稻生长，满足群体栽培技术要求，符合水稻生长规律，抗逆能力明显强于其他栽培方式，病虫害防治相对较少，易保证稳产甚至高产。

第二节　机插稻的生育特点

一、缓苗期长，发苗快

机插秧移栽叶龄小，无分蘖，茎基部不粗，根系活力较弱，秧苗综合素质较差，加上栽插时机械对秧苗的损伤，插秧时田间水层较薄或无水层，因而移栽植伤较重，活棵慢，缓苗期长。

机插秧的缓苗期（从栽插到分蘖起步）需10天左右，比常规手插秧"一天见新根，三天见新叶，五天见新蘖"要延迟5天左右。不过，分蘖一经起步，增速特别快，呈直线上升势头。有试验表明栽后10~15天的5天间，日增苗超1万/亩，15~20天的5天间，日增苗近2万/亩。

二、高峰苗数偏高，成穗率偏低

机插秧的栽插深度较常规手栽秧浅，宽行浅插稀植，优越的营养空间有利于发根和分蘖，正常生长后有利于分蘖的发生，发苗势强劲，控苗不当容易造成群体过大。一般高峰苗可达到 34 万~35 万/亩，最终成穗 24 万~25 万/亩，成穗率 60% 左右。

当田间苗数达 25 万/亩时开始搁田，要经过 10 天左右才能把苗控制住，比常规手栽高峰苗出现提前 1~2 个叶龄。

三、低位分蘖少，有效分蘖集中

机插秧虽然 3.3 叶移栽，但移栽后的缓苗期较长。机插秧苗 6 叶期才有分蘖出生，而此时出生的是第 4 节位的分蘖，1~3 叶位分蘖全是空缺；同时，机插水稻的有效分蘖叶龄终止期比理论数据提前 1~2 个叶龄。由此可见，机插秧的成穗叶位更少，有效分蘖集中，时间较短。生产中，要掌握机插秧的发苗动态，及早采取控苗措施，建立理想的群体结构。

四、机插秧水稻的需肥特性

一般每百千克稻谷对氮、磷、钾的吸收量：钾 1.5 千克、磷 0.5 千克、钾 1.5 千克。单季稻有 2 个吸肥高峰，分别是分蘖盛期和幼穗分化后期。

第三节　机插稻绿色高质高效配套技术

一、大田整地

水稻规模化生产机插水稻采用中小苗栽插，对大田整地质量要求比一般手栽稻要求较高。总体要求田块平整无残茬，高低落差不超过 3 厘米，表土软硬适中，泥脚深度小于 25 厘米，旋耕深度 10~15 厘米。机插时泥浆沉实达到泥水分清，泥浆深度 5~8 厘米，水深 1~3 厘米。

（一）整地方法

1. 处理好前茬秸秆

前茬作物收获后必须进行秸秆粉碎，留茬高度小于 15 厘米。

2. 旱整

首先旋耕灭茬，深度控制在 15 厘米内，要求前茬覆盖率高、无漏耕现象。对落差大、地势不平整的田块要框好田，大田隔小田，以达到相对平整。

3. 水整

灌水泡田 24 小时后水整拉平，使泥浆深度 5~8 厘米，田块高低差不超过 3 厘米。同时清除残茬。

4. 沉实

沉实时间根据土质而定，一般砂质土沉实 1 天，壤质土沉实 2 天，黏质土沉实 3~4 天。沉实后栽插时保持田间有"茬茬水"。

（二）施好基肥

结合整地，于旋耕前亩施 45% 复合肥 40~50 千克，尿素 10 千克左右。有条件的亩增施有机肥 2 000 千克，全层施用，肥土混匀。

（三）栽前化学除草

在沉实期间亩用 50% 丁草胺乳油 100~150 毫升拌细土 40~50 千克撒施，保持浅水层 3~4 天，或直接用喷雾器喷洒。

二、起秧与运秧

1. 叶龄

3~5 叶起秧，机插。

2. 起秧原则

秧块潮湿、卷起不裂、提起不散、随起随运随插。

3. 方法

软盘育秧可以随盘运到地头，也可卷起运到地头，堆放层数4层以内，切勿堆放层数过多，增加底部压力，造成秧块变形、折断秧苗，运放到地头随即卸下平放，使秧苗自然舒展、利于机插。双膜育秧在起秧前要先切块再卷秧，利用切块模具进行切块，标准长 60~70 厘米，宽 27~27.5 厘米。

三、机插群体要求

机插水稻要求在适宜秧龄条件下，做到适期早插，保证栽插穴数，基本苗不缺行断穴，保证机插栽培足够的群体起点。利用插秧机栽插穴距可调节性能，确定不同品种、不同地块产量水平所需的每亩穴数，再利用插秧机取秧器取苗多少可调节性能，确定不同品种、不同地块产量水平所需的每穴苗数。在机插行距稳定不变的前提下，栽插基本苗可因品种、因地块生产水平任意调节。

四、肥料运筹

根据土壤肥力水平，可以按亩产 600 千克的产量水平合理运筹肥料，施好 3 次肥料，即基肥、返青分蘖肥、拔节孕穗肥。

1. 基肥

施用量为 45%复合肥 40~50 千克、尿素 10 千克。施用方法为全层施用。有条件亩增加土杂肥 2 000 千克，适当减少化学肥料用量。

2. 返青分蘖肥

栽插后 10~15 天，亩施碳铵 40 千克或尿素 15 千克，结合灌水建立水层，促分蘖早发快发。

3. 拔节孕穗肥

适期施好拔节孕穗肥对于机插稻提高成穗数、实现大穗、夺

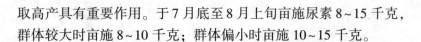

取高产具有重要作用。于7月底至8月上旬亩施尿素8~15千克，群体较大时亩施8~10千克；群体偏小时亩施10~15千克。

五、水浆管理

机插稻田由于中、小苗栽插，应建立单独的排灌系统。插秧时坚持薄水栽插，寸水棵棵到，机插后灌水护苗，浅水勤灌为主。栽后10天至7月底实行浅水灌溉，干湿交替，水深3厘米左右，待自然落干后，再上新水。7月底应根据不同田块群体动态适期分次轻搁田，当群体达到预计成穗数80%~90%时开始搁田，以轻搁、勤搁为主，经2~3次轻搁田后，群体高峰苗控制在成穗数的1.2~1.3倍。抽穗后以湿润灌溉为主。收割前一周断水。

第六章 水稻直播绿色高质 高效种植技术

第一节 水稻直播种植概述

水稻直播栽培（简称直播稻）是指在水稻栽培过程中省去育秧和移栽作业，在本田里直接播上谷种，栽培水稻的技术，是水稻规模化生产的重要栽培措施。

一、直播稻的优点

直播稻省去了育秧和移栽等费工费力的生产环节，使稻作过程得以简化。由于栽培方式的改变，其生长发育也产生了相应的变化，与同茬口移栽稻相比，直播稻具有四大优势。

一是分蘖出生早而快，分蘖节位低，有效穗多，易达到足穗高产的目的。直播稻与移栽稻相比，各个生育阶段相对都有一个良好的环境条件，分蘖出生后空间条件充足，植株之间遮阴小，叶片受光率高，容易生长为大分蘖，且有足够的时间发育成穗。直播稻虽然营养生长期短，但可以利用分蘖早生快发的优势，实现足穗高产的目的；一般直播稻比移栽稻有效穗多20%左右；同时以利用低节位分蘖成穗为主，又为获取大穗奠定了基础。

二是个体生长发育良好，叶片功能期长。直播稻个体营养空间大，个体生长发育好，不同生育阶段的叶片功能期均比移栽稻要长；单株绿叶数多，有利于光合产物的形成，促进分蘖成穗和形成大穗。

三是根群发达，根系活力强。直播稻从幼苗开始就在大田环境中生长，因播种较浅，接受土壤中的氧气较多，而且没有移栽植伤过程，各节位所发生的次生根系能较好地保存下来，因而根群发达，根系活力强，有利于养分吸收，根叶共济，使地上部健壮生长，促进光合产物的生产和积累。

四是光合产物累积速度快，日生产量和谷草比高。直播稻虽然生育期较短，但由于日生产量高，最后一生中累积的干物质总量与移栽稻相近；同时，谷草比较高，光合产物转化力强，叶片光合作用强度大，累积的干物质也多。

二、直播稻的缺点

与移栽稻相比，直播稻也存在四大缺点。

一是全苗难。直播稻出苗易受气候条件的影响，如早稻低温阴雨、晚稻高温干旱或台风暴雨等，往往造成出苗不齐，基本苗不足，影响足穗高产。

二是成穗率偏低。直播稻由于营养生长期短，前期要求早发，在肥水管理上要求以促为主，但由于前期发得快，中期往往控不住，造成无效分蘖多，最高苗峰高，导致群体过大，个体和群体的关系恶化，成穗率偏低，一般只有 50%左右。

三是易倒伏。直播稻虽然根群发达，但根系分布较浅，加上群体过大或遇台风暴雨，容易引起倒伏。

四是草害重。由于直播稻落谷稀，田间空隙度大，苗草在同一起跑线上相竞争，杂草与水稻共生期长，且生长势往往强于稻苗；同时又不能像移栽稻田那样进行人工耘田。因此，直播稻田杂草表现为种类多、发生量大、生长快、为害重。

第二节　直播稻的生育特点

一、生育期缩短，生殖生长期不缩短

由于直播稻的播种期受前茬成熟期和气候条件的限制，播种期一般比移栽稻迟。早稻和单晚直播推迟 10~15 天，连晚直播推迟 30 天左右，而成熟期基本一致。因此，全生育期的缩短，主要是营养生长期的缩短。据试验，同一个品种直播稻比移栽稻播种期推迟 7 天，始穗期、齐穗期与收获期均推迟 2 天，全生育期缩短 5 天，主要是播始历期缩短，而幼穗分化到灌浆成熟期并不缩短，从而具备了形成大穗和充实籽粒灌浆的物质基础。

二、根系发达而浅生

根据根、蘖、叶同伸的原理，当种子吸水发芽时，同步长出种根 1 条，芽梢节发根的时间大体与 1~2 叶出叶时间相同，待第 3 叶出现后，出叶与分蘖、发根大体保持 $n-3$ 的对应关系。即 n 叶出现期 $=n-3$ 节位分蘖出现期 $=n-3$ 节位上不定根发生期 $=n-4$ 节位上不定根发生第 1 次支根 $=n-5$ 节位上不定根发生第 2 次支根。由于直播稻总叶龄比移栽稻减少 1~1.5 叶，因此，总发根节位相应减少，但有效发根节位多。因为直播稻分蘖节位低，根群大部分分布在表土层，浅层根系占 95% 以上，氧气充足，土壤氧化电位高，根群生长旺盛，白根多；同时幼苗个体生长环境条件优越，单株营养面积大，相互间不存在争肥、争光、争空间的矛盾，而且没有拔秧、运输、插秧时的伤根，根系属积累型生长，各节位所发生的次生根能较好地保存下来，因此，根群发达，活力强，明显优于移栽稻。直播稻有两个发根高峰，播种出苗后，通过露田炼苗，形成第 1 个发根高峰，使低节位根系下扎；够苗后通过多次轻搁，形成第 2 个发根高峰，中、高节位根系粗壮发达，具有较强的生理活性。

三、基部节间稍细长，但秆壁较厚

直播稻基部第一节比移栽稻伸长明显，其余各节伸长不明显；但基部节间单位长度干重较大，茎壁较厚。由于水稻倒伏与基部节间长度和单位长度干重有密切关系，直播稻虽然基部第一节间稍长，但茎壁较厚，单位长度干重较重，因而对抗倒性无显著影响。

但在生产实践中往往直播稻倒伏严重，主要原因如下。①直播稻基本苗多，分蘖早而快，群体大，苗峰过高。②由于群体大，够苗期早，通风透光差，田间小气候湿度大，纹枯病严重。③低节位分蘖多，发根节位低，根系分布浅。据日本研究：根从发根节位伸出与主茎的角度随发根节位的提高而增大，也就是说，低节位伸出的根与主茎的角度小，而中、高节位伸出的根与主茎所成的角度大，从力学的角度看，这与根系支撑茎秆的力有关。因而，直播稻、小苗移栽、抛秧等低节位分蘖发根的栽培类型往往倒伏严重，而且以根倒为主。④植株郁闭，光照少，茎基部细弱。⑤光照强度与植物内源生长素（吲哚乙酸）含量有关，光照强，植物内源生长素受光氧化作用，失去活性，因而植株矮小；长期阴雨，光照弱，植物内源生长素含量高，顶端生长优势明显，直播稻群体大，植株郁闭，受光少，茎秆较高，易造成倒伏。

四、总叶龄减少，功能期长

直播稻由于全生育期缩短，主茎总叶片数一般比移栽稻减少 1~1.5 叶；但中后期叶片功能期延长，单株绿叶数多。这可能与直播稻根系发达、分布浅、氧化电位高有关。

五、分蘖出生早而快，有效分蘖节位多

直播稻播种量稀，一般为每亩 4~5 千克，仅为秧田播种量的 1/10，单株营养面积大，通风透光好，前期生长条件优越，各节位的分蘖、发根形成一个连续过程，又不存在拔秧伤根，插秧伤苗、伤蘖、败苗落黄等现象，因而分蘖出生早而快，分蘖节位低，够苗期早，主、蘖穗差异小，抽穗整齐，成熟期一致。据测定：直播稻播后 8~10 天可见分蘖，分蘖节位低 2~3 个节，1~5 节低位分蘖出现率达 80%~100%；而移栽稻低节位分蘖出现率仅占 31%~50%。另据温州试验，7 月 31 日直播播后 8 天开始分蘖，10 天分蘖发生率达 86.7%，10~15 天达 186.7%，15~20 天达 180%，20~25 天下降到 96.7%。分蘖成穗率分别为 100%、87.5%、51.85% 和 20.69%，每穗粒数分别为 43.7 粒、41.02 粒、27.46 粒和 34 粒，分蘖发生量以 15~20 天为最高，分蘖成穗率和每穗粒数为越早越高越多。直播稻的有效分蘖节位数一般比移栽稻多 1~2 个，因而可利用的有效分蘖节位多，为争多穗提供了有利条件。同时直播稻以利用前期低节位分蘖成穗为主，又为形成大穗奠定了基础。

六、日生产量和谷草比高

直播稻虽然全生育期较短，但日生产量显著高于移栽稻，一生中累积干物质总量与移栽稻相近，因而产量不比移栽稻低。据测定，直播稻直 922 日生产量 9.6 千克，比移栽稻秀水 620 的日生产量 7.7 千克，增 20% 以上。直播稻干物质累积的另一个特点是谷草比高，叶片光合作用强度大，光合产物转化率高，累积的干物质也多。

第三节　直播稻绿色高质高效配套技术

直播稻要获得稳产高产，必须根据它的生育特点，扬长避短，重点抓好全苗、早发、足穗、防倒、除草等技术环节。

一、选择矮秆、高产品种

直播稻由于扎根浅，后期遇风雨易倒伏，同时还受前茬成熟期影响，季节紧张。因此，在品种选择上，一是要选择生育期适中的早、中熟品种；二是要选择矮秆、耐肥、抗倒、发根力强的大穗型高产优质品种。根据多年试验和大面积示范结果，直播早稻应用的主要品种是嘉育 293 等；单季晚稻直播一般选用秀水110、杂交粳稻等品种（组合）。

二、提高大田整地质量

大田整地质量做到"四要"。一要早翻耕。前茬收获后结合施基面肥及时翻耕，翻耕不宜过深，一般采用旋耕为好。二要田面平。整地时一定要在"平"字上下功夫，做到全田高低落差不超过 3 厘米，田面不平，易造成播种深度和播种后田间水浆层不均衡，从而影响出苗，特别是连晚直播如播后田面积水，易引起高温烫芽烂种。三要畦面软硬适中，为了防止畦面过软、泥头过烂、播种过深，宜在翻耕作畦后次日播种。四要沟渠配套。开好横沟、竖沟和围沟，严防田面积水，畦宽 2~3 米，也可适当加宽，但以不影响播种和田间管理为度。有条件的地方，可逐步推广免耕直播技术。

三、确定适宜的播种和茬口

适时播种有利于提高成苗率和确保安全齐穗。不同茬口的直播稻有不同的播种期，根据近几年直播稻大面积生产经验，早稻一般以 4 月 20 日左右播种较为适宜，此时应用的主要茬口是冬菜田和冬闲田。单季晚稻直播期以 6 月 10 日左右为宜，最迟不超过 6 月 20 日，应用的茬口主要是冬闲田、蚕豆、草籽种及部分瓜菜田。

四、提高播种质量，力争全苗齐苗

播种质量坚持"四要"。一要播种前晒种、选种，选择籽粒饱满、无病虫的种子，并用抗菌剂 402 或多效消毒剂"线菌清"浸种。二要催芽播种。种子催芽要适度，催芽过短，增加田间出芽成苗时间，易受不良气候条件影响；催芽过长，播种时易造成幼芽、幼根损伤、脱落，一般以催芽至露白或芽长半粒谷为宜。三要合理用种。首先要做好发芽试验，并根据不同茬口、不同品种类型确定适宜的播种量，在达到 90% 以上发芽率的条件下，亩播种量（干谷）：早稻直播 4~5 千克，单季晚稻直播 3 千克左右，如播种时遇不利气候条件影响或种子发芽率较低，应适当增加播种量，才能保证 8 万~12 万的基本苗数。四要匀播。要求带秤下田，分畦定量播种，播种方式可采用人工撒播、条播或点播，也可采用机械条播或点播，播后塌谷，要求不露谷粒。

五、加强肥水管理，协调群体结构

直播稻的施肥规律与移栽稻有所不同，直播稻群体大、本田生育期长、总施肥量要比移栽稻稍多，一般以移栽稻秧田加大田肥料总量为宜。在施肥技术上，要掌握"前促、中控、后补"的原则，即前期要多施肥，促进稻苗早发，多分蘖、长大蘖；中期要少施肥，控制群体生长，防止无效分蘖发生，提高成穗率；后期要补施肥，由于直播稻根系分布浅，宜根据苗情和天气情况补施穗肥和根外追肥，早稻特别要重视穗肥的施用。此外，还要增施有机肥和磷钾肥，一般要求亩施过磷酸钙 20 千克、氯化钾 7.5 千克。

水浆管理上要注意做到三点：一是冒青至 3 叶 1 心期不轻易灌水，保持土壤湿润直至畦面有细裂缝，这样既有利于引根深扎，又有利于秧苗早发快发，3 叶期后建立浅水层，促进分蘖发生；二是当达到预定穗数苗时，及时排水搁田，由于直播稻根系分布浅，宜多次轻搁，重搁会拉断根系，影响结实；三是后期要干湿交替灌溉，切忌断水过早，防止早衰倒伏。

六、综合防除病虫草鼠

直播稻的杂草防治必须坚持"以农业防治为基础，化学防除为先导"的原则。在具体应用化学除草技术时，必须抓准时机杀草芽，尤其是稗草，一定要消灭在 2 叶 1 心前，对以稗草为主的杂草群落，应该以封闭化学防除为主，把杂草消灭在萌发期和幼苗期，这样才能以最少的投入获得最佳的经济效益。

日前常用二次除草法：一是种子播种后立苗前，采用杀草谱比较广、对水稻又安全的土壤处理除草剂，如丙草胺（扫弗特）、禾草丹、丁草胺等，灌水进行封闭，以杀除莎草、稗草和其他阔叶草；二是 2~3 叶期选用二氯喹啉酸（快杀稗）、禾草敌（禾大壮）、苄嘧磺隆（苄黄隆）等相应药剂，杀除稻田的中期杂草。

此外，直播稻稻苗较嫩，群体较大，易遭病虫害，特别要注意前期稻蓟马和中后期纹枯病的防治，根据病虫害发生情况，适时适量用药。还要坚持连片种植，防止鼠雀为害，确保直播稻稳产高产。

第七章 再生稻绿色高质高效种植技术

第一节 再生稻种植概述

一、什么是再生稻

2023 年中央一号文件提出，推动南方省份发展多熟制粮食生产，鼓励有条件的地方发展再生稻。

再生稻顾名思义就是"能再生的水稻"，是一种利用收割后的稻桩继续发苗长穗的水稻种植模式。一般的水稻种一季收一茬，一季的稻谷植株只出产一次，然后育秧、翻耕继续下一轮种植。然而再生稻则不同，能做到种一季收两茬甚至多茬。原来，再生稻第一茬收割时，稻桩保留 2.5~4.5 个伸长节位的高度，15~40 厘米，并施肥培育，利用稻桩腋芽重新发苗、长穗，进而抽穗成熟，约 2 个月后又能再收一茬。

再生稻适合在"一季有余，两季不足"的地区种植。目前，我国再生稻种植区域可划分为：川渝云贵西南种植区、粤琼华南种植区、闽赣浙台东南种植区、湘鄂中部种植区、皖苏东南种植区 5 个气候区。再生稻对生长条件要求高，必须在温度、阳光、水源适宜的地区种植，才能保证稳产高产。

二、再生稻的种植优缺点

再生稻具有生育期短、成熟快、生产成本低、种植效益高等优点，是南方稻增加稻田单位面积稻谷产量和经济收入的措施之一。

（一）生育期短，成熟快

无论是"早稻+再生稻"模式，还是"中稻+再生稻"模式，都比双季稻成熟期要早。生长周期能避开大部分常见的水稻生产灾害，在头季稻防治好病虫害的基础上，再生稻病虫害较少，一般年份不需要喷施农药。在稳定粮食生产中作用突出。

（二）生产成本低

再生稻是利用头茬水稻的谷桩重新发芽生长，不需要重新育种，也减少了整田、插秧等环节，一般情况下头茬水稻的肥料已足够满足其养分需求，只需增施少量肥。对于农民来说，种植再生稻管理简单，前期投入成本低，种植性价比高。

（三）种植效益高

再生稻栽培应选用穗粒数较多的品种，能充分发挥再生稻光合速率与净同化率高的优势，促进再生稻叶面积增加、穗粒数提高与物质运转能力增强，以达到增产的目的。

然而再生稻也有机械化程度要求高、田间管理技术要求高、气候条件要求高等客观缺点，仍需继续摸索完善。

第二节　再生稻绿色高质高效配套技术

一、选择种植区域

种植区域要选择温光条件适宜的地区发展。一是由于劳力矛盾，原双季稻区只种一季中稻的稻田。二是南方稻区种双季稻温光不足、季节紧张，而种一季稻温光有余的一季稻区。具体种植区域的确定，要看当地蓄留再生稻后，再生稻能否安全抽穗扬花（再生稻安全抽穗扬花的日平均气温在 23℃ 以上），头季稻收割至再生稻安全抽穗扬花有无足够的季节（头季稻收割至再生稻安全抽穗扬花需 30 天左右的时间），并结合品种生育期长短、茬口、种植技术的不同等因素综合考虑。

二、选择品种

再生稻品种要选择头季产量高、再生能力强的杂交稻组合。一般杂交稻再生能力比常规稻要强，作再生稻栽培可让其优势得到进一步发挥。目前推广的杂交稻大都适合蓄留再生稻。由于不同纬度、不同海拔光热条件不一样，在品种应用上应注意因地制宜。要选用耐肥、秆壮、后期不早衰、再生能力强、生育期稳定在 145 天以内的杂交组合，如扬两优 6 号、Ⅱ优明 86、丰两优 1 号等。

头季稻采用机械收割的，一定要注意筛选再生芽眼低、萌芽力强、适于低留稻桩的品种。

三、种好头季稻

再生稻是头季稻稻桩上腋芽萌发生长发育而成的，再生芽的萌发伸长靠头季稻的根和母茎提供营养，并且与头季稻灌浆结实同步进行，因此，再生稻能否高产在很大程度上取决于头季稻的好坏。必须从头季抓起，实现水稻"一种两收"。

适时早播，培育壮秧。一季中稻的播期在 4 月上旬，使头季稻在江淮地区 8 月 10 日前、沿江和江南地区 8 月 15 日前成熟收割，保证再生稻在 9 月 10 日前安全抽穗。对扬两优 6 号等生育期较长的组合，头季稻宜在 3 月中旬播种，采取尼龙保温，稀播培育多蘗壮秧。确定播种期，主要考虑 3 个因素：一是头季稻播种后能正常出苗生长，即温度在水稻生长起点温度 12℃ 以上；二是头季稻能避开不利天气，如 7 月高温伏旱对抽穗扬花的影响；三是再生稻安全齐穗扬花，即抽穗扬花期温度保证在 23℃ 以上。具体日期的确定，一般是由头季稻全生育期加上头季稻收割后至再生稻齐穗所需天数往前推算。如某品种全生育期 145 天，头季稻收割至再生稻安全齐穗 30 天，共 175 天，如当地安全齐穗期为 9 月 10 日，那么头季稻播种期为 3 月 20 日。在蓄留再生稻的地区提倡旱育秧，有利于早播、秧壮、头季稻早熟高产、低位分蘗多、有效穗足。采用薄膜低拱架覆盖旱育秧技术，要抓好调酸、施肥、浇水、消毒、控苗、调温等环节。

施足基肥，插足基本苗。大田底肥注意氮、磷、钾配合，尤其施足磷肥，防止偏施氮肥。每亩基施 35% 复合肥 50 千克、过磷酸钙 8 千克。再生稻的产量随有效穗的增加而增加。再生稻要获得亩产 300 千克以上的产量，需要有 35 万左右的有效穗，按照每桩利用两腋芽，需要有 18.5 万左右活桩，按活桩率 85% 计算，头季稻的有效穗应达到 20 万左右。头季稻的种植密度应依据此来确定每亩插秧穴数、基本苗数量。要求采用 13 厘米×26 厘米宽行窄株条栽方式，亩栽 1.7 万～2.2 万蔸，5 万～8 万基本苗。早稻作头季稻，每亩 2.5 万～2.8 万穴；中稻作头季稻，每亩 1.8 万～2.0 万穴。

保健栽培，保持头季稻根茎叶活力。科学追肥，稳施穗肥——采取"底重、中控、穗补"平衡施肥。在栽后 7 天左右亩用 2～4 千克尿素促平衡生长。穗肥在始穗前 17～19 天到二叶半出至全出（穗长 5～10 厘米）施用，亩施尿素 4～5 千克，氯化钾 3～4 千克，促稳健生长，提高结实率。适温强光可施或多施，高温阴雨不施或少施。科学管水，两次晒田——实行浅水插秧，寸水活棵，浅水分蘖，够苗晒田，及时上水长穗，后期干干湿湿，控苗促根，齐穗后田间切忌断水。第一次晒田在够苗（分蘖末期，每亩茎蘖数达20万~22万）时进行，通过晒田以水调气，促进发根、壮秆、保叶、养芽。第二次在齐穗后15~20天（收割前15天），结合施促芽肥时灌一次浅水，然后让其自然落干，使得收割时田面湿润，但脚不粘泥，直到收割后3天内复水。切忌头季稻长期灌深水；伏旱严重地区不能晒田。防治好螟虫、纹枯病等病虫害——加强头季稻稻飞虱、稻纵卷叶螟、二化螟和纹枯病、稻瘟病、稻曲病等"三虫三病"的预测预报和防治工作。选择好高效、低毒、低残留的对路农药，在病虫害防治最佳时期用药。尤其要防治好纹枯病，在分蘖盛末期和孕穗期，病株率5%以上的田，要用井冈霉素防治2次。防止病虫为害影响活桩数、休眠芽的存活和稻桩的发芽能力，保证再生稻苗数、有效穗。

四、及时施好促芽肥，兼顾前后两季

施肥是促进再生稻发苗和实现穗大粒多的关键。头季稻收割前后施促芽肥、发苗肥，则发苗好，有效穗多，粒多粒大，产量高。一般在头季稻齐穗后15天左右倒2芽开始幼穗分化，与头季稻灌浆成熟同步进行。到完熟期，地上部各节位的潜伏芽都已分化，再生稻的营养生长与生殖生长并进。因此，在头季稻收割前就应开始对再生稻进行管理，促再生芽早萌发，提高再生芽的素质和成活率。

追施促芽肥可促进再生芽萌发和生长发育，解除腋芽休眠早发苗，提高根系的活力，延长老根寿命，促进争多苗，保持功能叶绿色，延长叶的功能期，为再生芽生长发育提供养分，提高再

生芽成活率、提高有效穗，是夺再生稻高产的一项关键技术措施。

追好促芽肥。一般在头季稻齐穗后15天左右施用（谷粒呈绿豆色时）。这样既不影响头季稻的成熟，又能真正发挥促芽的作用。一般亩施尿素10~15千克或35%水稻专用复合肥30~35千克。施用促芽肥还要根据田情、苗情灵活掌握，头季稻长势差的，要早施重施；长势过旺的、叶色贪青的，应少施迟施。高产栽培的还应结合叶面喷施磷酸二氢钾增施磷钾肥。追施促芽肥时，田间应有水层，或间隔两三天，分两次施，以防烧苗。

五、适时收获头季稻，适度高留稻桩

头季稻的适宜收割时间因品种不同而异，一般在头季稻黄熟期（成熟度95%）抢收。早发型品种再生芽萌发早、生长快，收割期可早些；迟发型品种的再生芽生长比早发型品种差，收割期应迟些。收割过早，不仅影响头季稻产量和品质，而且又切断了再生蘖芽所需养分的来源，影响发苗和壮芽培育，造成再生蘖迟发、少发、芽弱（只有在头季稻接近成熟后，植株养分供给中心才逐渐转向休眠芽）；收割过迟，对再生稻生长也不利，有效穗、穗粒数、结实率都难保证。可采用"看芽法"（剥检腋芽）确定时间，在头季稻收割前，观察正常稻株上芽的伸长情况，待大多数再生芽长达2厘米以上（倒2节位、3节位腋芽普遍伸长3厘米左右）时就及时收割。在晴天上午收割，雨天不收割。

头季稻慎用机械收割，提倡人工收割。机械收割可减轻劳动强度和解决劳力不足的问题。但必须注意防止机械碾压等。①用改造后的收割机进行头季收割。②实行低留稻桩，稻桩留10厘米左右。低桩再生稻尽管有效穗数减少，但其穗粒数大大

增加，重点在于解决低位再生苗早生快发与结实率较低的问题。在采用再生芽眼低、萌芽力强、适于低留稻桩品种的基础上进行。③采取配套措施。收割前对田块进行排水处理（田块较干则可减轻收割机对稻桩的影响）等，确保再生稻的产量。④田间湿度适当。总之，要使再生稻获得高产，最好实行人工收割，避免踩压稻桩和根系，保护稻桩和腋芽，稻茬要尽可能割平整一些。

适度高留稻桩。头季稻留桩高度对再生稻的产量和生育期影响较大。留桩高度增加，则再生芽位多，发苗节位多，发苗数增加，有效穗增加，从而提高产量。同时随留桩高度的增加，上位优势芽保留多，齐穗早，再生稻的生育期缩短。因此，生产上头季稻应提倡适度高留稻桩。对于杂交稻，倒2芽、倒3芽为优势芽，占再生稻总产量的70%~80%，生产上要尽量争取倒2芽成穗。由于不同品种的株高不一样，倒2芽离地面的高度也不一样，因此留桩高度要根据品种再生芽特性、再生稻生育期间的气候条件以及肥水管理水平而定。留桩高度一般以33~40厘米为宜，以保留倒2叶节位为准。一般高秆品种留桩35~40厘米，矮秆品种留桩25~30厘米。对迟熟组合，实行高留桩，掌握"留二、保三、争四"的原则。即留住倒2芽、保护倒3芽、争取倒4芽。要让倒2芽保住活力，成为有效芽，在倒2节上必须有5~6厘米的保护段。对于早中熟品种，实行中留桩，掌握"留三、保四、争五"的原则。

六、培育再生稻：加强头季稻收割后的管理

清理稻田。头季稻收割后，及时清除田中稻草，扶正稻桩。

以水护苗，补施发苗肥。根据再生稻怕淹怕干的特点，一般在头季稻收割后及时灌1次"跑马水"，结合追施发苗肥。如遇上高温干旱，可用田中水在早晨或傍晚浇稻桩，保持稻桩的湿

度，防止稻桩失水过快，以提高发苗率和保证再生稻成活。再生稻其他生育期应采取干湿交替的灌水方法，保持田间湿润到收割。切忌受旱或长期淹水。对促芽肥不足、瘦田和高产栽培田块，在头季稻收后 2~3 天，都应结合灌水及时施好发苗肥（壮芽肥），一般每亩用尿素和钾肥各 5~10 千克或 35% 水稻专用复合肥 15~20 千克，加喷细胞分裂素 150 克/亩。可起到发苗壮苗、保穗增粒的作用。

喷施赤霉酸。发苗初期（收割后 1~2 天内）和始穗期（破口期），每亩次用"赤霉酸" 1 克兑水 50 千克喷蔸喷苗，结合喷施磷酸二氢钾（壮籽肥），可促进再生分蘖生长、茎秆伸长，苗齐和抽穗整齐，提高成穗率、结实率，增粒增重；同时可防止卡颈和穗颈稻瘟。

防治病虫等为害。在减轻头季稻纹枯病等病源和虫口基数的基础上，重点防治螟虫、稻飞虱、稻瘟病等。并注意防止人畜践踏。

适时收获。再生稻的生育整齐度一般不及头季稻，一般应在再生稻 95% 左右成熟时收获，防止过早收获。时间在 10 月中旬。

再生稻虽然有许多好处，但在生产实际中应用面积不广，究其原因有两个方面。一方面，再生稻难获高产。①头季稻无基础。活桩少、活芽少、不适期。除播种过迟、有效穗不足、稻飞虱为害、贪青晚熟外，纹枯病是影响再生稻高产的"首犯"，如果偏施氮肥又遇上高温高湿，则会形成灭顶之灾。②只指望"再生谷"，不愿意"再投入"。促芽肥未施或不足量或偏迟，造成潜伏芽"饿"死或营养不良；或造成稻株含氮量急剧增加，加重纹枯病，导致"增肥减苗"；食叶性昆虫为害，物质难以合成转化，造成营养缺乏，腋芽死亡。③灾害性天气影响。低温、干旱、暴雨、连阴雨等，造成前期烂秧死苗、中期田裂断根、头季稻倒伏、后期脱肥早衰、加重病害，不能正常生长。④头季稻用机械收割时，碾轧严重、稻桩破损等，影响正常发苗。另一方面，再生稻也有一些特殊要求。包括要实行人工收割（手工收割头季稻，能有效降低对稻桩的破坏，这样有助于维持稻桩的生长活力，让再生稻能够顺利地发生新芽和分枝，为第2次收割打下良好的基础），要有良好的排灌条件，机械收割后捡除稻草等，从而制约了其发展。

　　总之，要实现两季的高产，必须前后茬通盘考虑：水分管理上浅水勤灌，促长抑病；病虫害防治上虫菌同治，保叶护茎；肥料施用上有机肥和无机肥并重，一举多得。全期把好"良种选用、健身栽培、施肥促芽、高留稻桩"四关。

第八章 水稻全程机械化种植技术

水稻全程机械化生产作业主要包括机械化耕整田、移栽、收获等环节。水稻全程机械化生产模式可划分成两类：坝区和梯田机械化种植。根据水稻种植模式和规模面积进行机械选型配套，与主要环节耕、种、收的农机农艺技术进行融合，不同地形的田块选择适合的大、中、小型机具。

第一节 机械化耕整田

一、作业要求

在适合作业的墒情下，根据田块形状和坡度确定作业方向，应顺田块长边作业，作业到田头转弯或转移过田埂时，应将机具提起，田间提升间隙不小于 20 厘米，减速行驶。整田时注意控制好适宜的灌水量，既要防止带烂作业，又要防止缺水僵板作业，还要防止泥脚深度不一和埋茬再被带出地表。耕深 16～20 厘米，泥脚深度不超过 25 厘米，水深 2 厘米左右，田面露出水面积每亩不超过 4 米^2，田块内高差不超过 3 厘米，埋茬深度应在 4 厘米以上，泥浆深度达到 5～8 厘米，田块高低差不超过 3 厘米。水整后大田地表应平整，基本无残茬、秸秆和杂草等，达到泥匀、肥均、水浅、无杂的效果。整田应与基肥一并进行。整后的大田必须适度沉实，砂壤土田沉淀 0.5～1 天、黏土田 2～3

天、烂泥田 4~5 天后机插。

二、机具推荐

微耕机（图 8-1）、拖拉机配套铧式犁、旋耕机、耙和激光平地机（图 8-2）。

图 8-1　微耕机

图 8-2　激光平地机

第二节　机械化播种

一、作业要求

机插育秧盘底部渗水孔排列整齐、均匀，秧盘表面应光滑，无皱折、裂痕、残缺等现象。床土过筛后细土粒径不得大于5厘米，其中，2～4厘米粒径达60%以上，过筛结束后集中堆闷，堆闷时细土含水量适中，达到"手捏成团，落地即散"的要求。水稻播种流水线安装场地应首选背风、平坦、有水源、有电源、便于操作、距离苗床和移栽田块相邻的场地。播种时盘内底土厚度为2～2.5厘米，厚薄均匀、铺放均匀平整，覆土厚度为0.3～0.5厘米，均匀、不露籽，播量40～50克，种子表面水分在14%左右，破碎率≤1%，均匀度≥90%，空穴率≤5%。有条件的地方播种结束后进行催芽，小拱棚育秧宜采用暗化处理催芽，待芽头露土0.1～0.5厘米移到小拱棚育秧。

二、机具推荐

毯壮苗播种流水线、钵苗播种流水线。

第三节　机械化移栽

一、作业要求

栽插前3天保持秧床干爽，进一步促进盘根。运至田头随即卸下平放，使秧苗自然舒展，做到随起、随运、随插。遇烈日高温或下雨需要采取设施遮盖，防止秧苗失水萎蔫或秧块过烂，影响机插质量。栽插时根据当地农艺要求调好适宜的栽插株距挡位，进行试插一段距离，并检查每穴苗数和栽插深度，调节好每穴苗数和栽插深度。浅水浅插，水层深度 1~2 厘米，机插秧深度以 0.5~1 厘米为宜，漏插率≤5%、漂秧率≤3%、伤苗率≤5%，秧苗栽插均匀度要求达到85%以上，每穴 2~3 苗，机插同步侧施肥，肥料播撒于秧苗根深 5 厘米左右、根侧部 5 厘米左右，栽插时做到行距一致，不压行、不漏行，并保证首行作业的行驶直线性。栽插结束后及时上水 3~4 厘米，促进返青活棵。在机插后 2~3 天内进行人工补缺棵、栽浮棵、拆大棵、补小棵，促使全田穴苗数均匀。

二、机具推荐

乘坐式 4~8 行水稻插秧机、手扶式 2~4 行水稻插秧机。

第四节　机械化田间管理

一、作业要求

　　水稻田间管理中的除草、治虫、施肥等作业是水稻生产的重要环节，各地要按照当地高产种植的农艺要求适时对水稻生产进行除草、追肥和病虫害防治。坝区和大面积种植的水稻区可选用植保无人驾驶航空器喷施或采用机动远程喷雾机防治。对于植保无人驾驶航空器防治要选好起降地点，起降点要求平、实，根据田块大小、作业地风速、风向、田间竖着物及空间横着物，确定飞行作业距离和方案，飞行时要远离人群，不允许田间有人时作业，要离操控手 10 米以上，垂直飞行要远离障碍物 10 米以上，平行飞行要远离障碍物 5 米以上，飞行作业高度保持在作物叶尖

2米左右，直线飞行作业，确保不漏喷、不重喷，飞行作业速度均匀，作业时应保持在 4~6 米/秒匀速飞行，注意飞行速度、高度及风向，以防药剂飘移。对于面积小、不规则、坡度较缓的田块宜选用小型汽油机或蓄电池为动力的全自动喷雾器。另外，还可以安装太阳能杀虫灯。

二、机具推荐

喷雾机、植保无人驾驶航空器、太阳能杀虫灯。

第五节　机械化收获

一、作业要求

水稻收获是水稻生产的最后阶段，也是最为重要的阶段，适时收获和选择适宜的收获机具是保证产量的基础，否则会导致产量的损失。收割前 5~7 天断水，抢适宜天气机收，及时晾晒或烘干，减少损失。收获应在水稻的蜡熟期或完熟期进行（水稻黄化完熟率 95% 以上为收获最适期），基本无自然脱粒，水稻不倒伏，籽粒含水率为 15%~30%。根据地块大小和种植行距选择适合的收获机，提倡使用全喂入式和半喂入式履带联合收割机。半喂入式联合收割机作业质量评定要求水稻自然高度为 55~110 厘米，穗幅差 ≤25 厘米。水稻收获机的行距要与水稻种植行距相适应，行距偏差不宜超过 5 厘米，否则会影响作用效率，加大收获损失。

二、质量要求

全喂入式损失率 ≤3.5%，半喂入式损失率 ≤2.5%；全喂入式破碎率≤2.5%，半喂入式破碎率≤1.0%；全喂入式含杂率≤2.5%，半喂入式含杂率≤2.0%（只有风扇清选无筛选机构的：全喂入式含杂率≤7.0%，半喂入式含杂率≤5.0%）；茎秆切碎合格率≥90%（适用于茎秆切碎机构的联合收割机）；收获后地表状况及割茬高度≤18厘米，无漏割，地头、地边处理合理（其中，全喂入式水稻联合收割机的割茬高度可根据当地农艺要求确定）。机械割晒割茬高度12~15厘米，放铺角度与插秧方向放铺角为70°~90°，脱谷综合损失<2%。谷外糙1%以下。

三、机具推荐

稻麦联合收割机、割晒机、脱粒机。

第九章　水稻不同时期的管理技术

第一节　分蘖拔节期管理技术

水稻返青分蘖期，是指水稻栽秧到幼穗分化前的这个时期，这个时期的长短，随着气候、品种、栽培条件等而不同，一般春稻为 50~60 天，麦茬稻为 20~30 天。早返青有利于早发分蘖和形成壮蘖，延长营养生长期，同时也为早熟、高产创造有利条件。

一、生育特点

水稻返青后进入分蘖期。此期水稻营养器官迅速生长，根系迅速扩大，逐步形成健壮根群，叶片不断生出，光合面积不断扩大，分蘖发生，是决定水稻有效穗数的关键时期，也是水稻一生氮素代谢最旺盛的时期。

二、主攻目标

缩短返青期，有效分蘖期争取早分蘖，促使叶色变深，争取有足够数量的健壮大蘖；无效分蘖期要控制无效分蘖，提高分蘖成穗率，争取足穗，拔节始期叶色出现拔节黄，并为秆壮、穗大、穗多奠定基础。

三、管理技术

（一）分蘖期的苗情诊断

1. 壮苗

返青后叶色由浅到深（"一黑"），分蘖盛期后又由深变浅。春稻在插秧后 20~30 天内，麦茬稻在插秧后 10~20 天内，叶色明显变黑，叶片颜色明显深于叶鞘，叶片含氮量为 3.5% ~ 4.5%；之后，叶色逐渐变淡（"一黄"）。早生分蘖多，后生分蘖少，苗脚清爽。早晨看，叶尖有水珠，富有弹性，弯而不披；中午看，叶片挺拔直立。

2. 弱苗

叶片含氮量低于 2%，叶色转绿缓慢而不明显，叶片短小，不发棵，整穴秧苗抱在一起，像"刷锅炊帚"。

3. 徒长苗

叶片含氮量超过 5%，叶色油黑发亮；出叶、分蘖过快、过多；叶鞘细长，叶细长而柔软，田面杂乱，"披头散发"。叶色"一路黑"，分蘖末期不落黄。总茎数过多，分蘖末期就已封行。

（二）田间管理

在田间管理上，应结合苗情进行分类管理。

1. 查苗补苗，保证全苗

一般栽秧后都会出现浮秧和缺窝现象，因此，要求栽秧后及时查苗补苗，保证苗全、苗匀。

2. 调节水层

水分管理总的原则是"浅水栽秧，深水返青；浅水勤灌促分蘖，晒田抑制无效分蘖"。栽秧后田间保持 3~5 厘米深水层，利于秧苗返青成活。返青后，采取浅水勤灌，水层回落到 3 厘米左右，一直到有效分蘖终止，提高土温，以利于根的发育，促进分蘖早生快发。

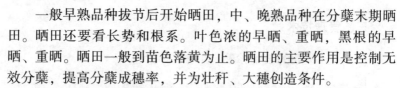

一般早熟品种拔节后开始晒田，中、晚熟品种在分蘖末期晒田。晒田还要看长势和根系。叶色浓的早晒、重晒，黑根的早晒、重晒。晒田一般到苗色落黄为止。晒田的主要作用是控制无效分蘖，提高分蘖成穗率，并为壮秆、大穗创造条件。

3. 早施、重施分蘖肥

为保证分蘖早生快发，应在插秧后 5~7 天施肥，施肥量应占总追肥量的 30%~40%，以氮肥为主，一般每亩施硫酸铵 55 千克左右，并配施少量硫酸锌（1.5~2.0 千克）。

施肥有"一追一补"和"三次施肥"等方法。"一追一补"，即在缓苗后将大部分分蘖肥施下，过 5~7 天再根据苗情将余下的少量分蘖肥补施于二、三类苗。这样，既可避免一次施入造成徒长，又可达到全田均衡生长的目的。"三次施肥"，即在插秧后 5~7 天施第一次肥，施肥量占分蘖肥的 25%；隔 7 天左右施第二次，施肥量占 50%；再隔 5~7 天施余下的 25%。这样，可以提高肥料利用率和促进平稳生长。对于中、低产田，在有效分蘖末期，每亩总茎数比预计每亩总穗数少 5 万以上时，及时酌量施用保蘖肥，施肥量可掌握在氮肥总量的 1/4 左右。高产田不用施此肥。

4. 中耕除草与化学除草

一般需要进行 2~3 次中耕除草。返青后及早中耕，以后每隔 7~10 天中耕一次，最后一次在分蘖盛期进行，深度 3~5 厘米。要求锄全、锄匀、锄透、翻泥、净草。

使用化学除草剂一般应在插秧后 5 天左右，可随分蘖肥一起施入。每亩用 50%苄嘧·禾草丹可湿性粉剂 0.4 千克，或 60%丁草胺乳油 0.15 千克，用毒土法施入，并保持 3 厘米水层 5~7 天，主要消灭以稗草、牛毛草为主的前期杂草。

5. 加强病虫害防治

水稻分蘖期害虫主要有稻飞虱、叶蝉、蓟马、二化螟、三化螟、稻纵卷叶螟等，病害主要有叶瘟病、白叶枯病等。

第二节 拔节孕穗期管理技术

拔节孕穗期是指幼穗分化开始到长出穗为止，一般需一个月左右。

一、生育特点

此期是营养生长与生殖生长并进期，一方面根、茎、叶继续生长，另一方面也进行以幼穗分化和形成为中心的生殖生长，这是决定穗大、粒多的关键时期。此期还是水稻一生中干物质积累最多的时期，需肥水最多，对外界环境条件最敏感。此期内影响穗大、粒多的主要环境因素为温度、光照、水分和营养。

二、主攻目标

稻株稳健生长，促进株壮蘖壮，提高成穗率；在此基础上促进幼穗分化，争取穗大、粒多。

三、管理技术

（一）拔节孕穗期的苗情诊断

1. 壮苗

覆水后叶色由黄变绿，到花粉母细胞减数分裂期颜色达到最绿（"二黑"），但黑的程度不如分蘖盛期。

2. 弱苗

覆水后叶色转绿缓慢，不出现明显的"二黑"。

3. 徒长苗

覆水后叶色迅速转深，程度与分蘖期相似，出穗前不落黄，穗分化开始晚，抽穗迟，叶片长、大、披垂，后生分蘖多，苗脚纷乱，提前封行。

（二）田间管理

1. 适时适度晒田

一般是根据禾苗生育进度和苗数而定，以幼穗分化初期晒田为宜，或大田苗数达到预定数量开始晒田，做到"时到不等苗，苗够不等时"。晒田程度，常规稻要求晒到田边开小坼，田中稍硬皮；禾苗长势旺、泥脚深、施肥多的田应适当重晒。杂交稻一般实行轻晒或露田，不宜重晒。

2. 巧灌穗水

水稻拔节孕穗期正值高温季节，生长速度快，应以湿润为主，在灌水上要保持寸深浅水，防止颖花退化。禾苗在拔节孕穗阶段，此时气温高，叶面积大，水分蒸腾多，生态需水和生理需水量大，是水稻一生中对水分最为敏感的时期。这一阶段，稻田需有水层，要严防脱水受旱。但长时间处于淹水状态又会引起土壤氧气不足，对根的生长不利。因此，在水源条件便利的地方，可采用灌水与落水相间的间隙灌溉法。

3. 巧施穗肥

对生育期长的品种，土壤肥力又低的稻田，要施穗肥；在土壤肥沃、基肥足、长势旺、没出现拔节黄的情况下，可不施穗肥，以免贪青晚熟，引起倒伏；对生育期短的中、早熟品种，可不施。促花肥一般在幼穗开始分化到一次枝梗原基分化时施用；保花肥在雌雄蕊形成到花粉母细胞形成时施用。

4. 加强病虫害防治

拔节孕穗期正是高温、多雨季节，容易发生病虫害，虫害主要有稻苞虫、稻纵卷叶螟、稻飞虱、二化螟、黏虫等，病害主要有纹枯病、白叶枯病、稻瘟病等。

第三节 灌浆结实期管理技术

水稻灌浆结实期是指水稻从抽穗到成熟的时期。

一、生育特点

灌浆结实期的营养生长基本停止，转入以开花结实为主的生殖生长时期。叶片光合作用制造的糖类以及抽穗前茎秆、叶鞘所贮藏的养分均向穗部输送，供应灌浆结实。此期是决定粒数和粒重的关键时期。

水稻结实期经过抽穗开花和灌浆结实两个过程，对环境条件有较为严格的要求。

1. 温度

温度对开花、受精影响最大。最适温度为 28～32℃，最高温度为 37℃，日均气温 20℃为开花、受精的低温临界指标，且低温比高温危害更为严重。日均气温在 21～26℃，昼夜温差较大时，有利于粳稻灌浆结实。灌浆结实最高温度为 35℃，日均气温 15℃为灌浆结实低温界限。

2. 光照

晴天开花提早，阴天推迟。灌浆期日照强度越大，结实率越高，千粒重也有所增加；光照不足，不仅影响产量，同时也会影响稻米品质。

3. 水分

灌浆结实期是水稻一生中的第二个水分临界期。温度适宜时，空气相对湿度 70%～80%为最适。温度低而相对湿度较高时，如遇阴天，对开花、受精不利；相对湿度过低时，如刮干热风，则抽穗困难，开花期推迟，花粉活力降低，授粉、受精受

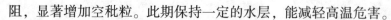

阻，显著增加空秕粒。此期保持一定的水层，能减轻高温危害。

4. 营养

抽穗期适量追氮肥能提高稻米的蛋白质含量。结实期叶片含氮量在 1.3% 以下时，粒重随氮素浓度的升高而增加。

二、主攻目标

养根保叶，防止早衰、贪青、倒伏，以保穗、攻粒、增粒重。

三、管理技术

（一）抽穗结实期的苗情诊断

1. 壮株

抽穗后叶色转青，含氮量 1.0%~1.5%，并维持 20 天左右，以后叶色逐渐落黄，黄而不枯，活熟到老。抽穗后 20 天内早熟种保持 3 片绿叶，中晚熟种 4 片绿叶，叶片直而不披，成熟时植株倾而不倒。

2. 早衰

叶色黄，叶片薄，含氮量在 1% 以下，下部叶片早枯，根系早衰，绿叶数少，成熟较早。

3. 贪青

上部叶片浓绿披软，含氮量在 2% 以上，下部叶片早枯，病虫害较重，常发生倒伏，灌浆不良，秕粒多，成熟晚。

（二）田间管理

1. 间歇浅灌

抽穗期是对水较为敏感的时期，不能缺水。

（1）在抽穗期可灌深水，以水调温，防御高低温危害。

（2）抽穗后应保持 3 厘米左右浅水层。

（3）开花后间歇浅灌。

（4）乳熟期"湿湿干干"，以湿为主，灌一次水自然落干，停 1~2 天再灌。

（5）蜡熟期"干干湿湿"，以干为主，灌一次水自然落干，停 3~4 天再灌。

（6）一般收割前 7 天停水，以便收割。

2. 酌施粒肥

施用原则是早施、少施，只在薄地上，抽穗时叶片发黄、有脱肥早衰现象时才施。用量一般以每亩硫酸铵 5~7 千克为宜。也可采取每亩用尿素 1 千克左右，加磷酸二氢钾 0.2 千克（或过磷酸钙 1~2 千克，需溶解后捞渣），兑水 50~60 千克，叶面喷洒。对贪青稻田可只喷磷酸二氢钾。

3. 防治病虫害

此期主要虫害有稻纵卷叶螟、稻飞虱等，主要病害有穗颈瘟、白叶枯病、纹枯病等，应做好预测预报，及时防治。

第十章　水稻病虫草害绿色防控技术

第一节　水稻病虫害绿色防控技术

农作物病虫害绿色防控，是指采取生态调控、生物防治、物理防治和科学用药等环境友好型措施控制农作物病虫为害的植物保护措施。

一、农业防控技术

（一）选用抗（耐）性品种

因地制宜选用抗（耐）稻瘟病、白叶枯病、条纹叶枯病、稻曲病、黑条矮缩病、南方水稻黑条矮缩病、褐飞虱、白背飞虱等水稻品种，适时淘汰抗性差、易感病品种，及时更换种植年限长的品种。

（二）降低虫源基数

早稻、晚稻收割完成后，采取秸秆还田并喷施稻秆腐殖液或秋季翻地和春季灌溉等方式，及时处理稻田中的稻草和稻桩，能有效降低稻草中的虫源基数。

（三）加强田间管理

一是采取合理的轮作方式。水稻轮作方式以水旱轮作为主（如玉米、辣椒、茄子与水稻轮换种植），同时可以采取种养结合的方式（如稻鸭共育），能在一定程度上降低病虫害发生率。

二是合理密植。根据种植水稻品种的不同，选择合适的种植密度，一般控制在18万~26万穴/公顷。同时，大力推广宽窄行和宽行窄株等栽培技术，提高田间的通风透光性，可以有效预防稻瘟病、纹枯病等病害的发生。三是培育健壮苗。根据早稻和晚稻的不同选用合适的品种，其中早稻主要选用中、迟熟品种。相邻稻田统一播种、统一移栽，避免由于生长阶段不同而发生病虫害迁移情况。播种时尽量使水稻生育期避开多雨天气、害虫高发期等。四是科学进行水肥管理。农户应增施有机肥，适当增施磷钾肥，合理控制氮肥施用，可推广应用水稻"三控"施肥技术。科学灌水，注意避免水稻贪青，返青期田间水层宜浅。采取多次轻晒的方式，提高田间有效分蘖率，促进水稻苗长势健壮，提高水稻的抗病害能力。

二、生物防治技术

（一）利用害虫天敌

通过保护害虫天敌，维护田间生物多样性，降低病虫害发生率，可有效降低防控成本，减少生态环境污染。水稻病虫害的天敌种类较多。例如，稻纵卷叶螟、三化螟的天敌主要是赤眼蜂，结合当地稻纵卷叶螟、三化螟的发生情况，在其羽化初期至成虫始盛期，选择阴天人工释放赤眼蜂，每亩释放密度以1万只为宜，每亩设置5~8个释放点，4天左右释放1次，可以有效控制稻纵卷叶螟、三化螟的种群数，防控效果较为明显。

（二）稻鸭共育控虫技术

稻鸭共育控虫技术是一种既能有效防控病虫害，又能增加农业收入的控虫技术，可以实现水稻种植和稻田养殖业双赢，属于生态型综合农业技术，适宜应用在有机稻生产中。大田水稻植株进入拔节期后，在稻田饲养一定数量的雏鸭，密度控制在50~

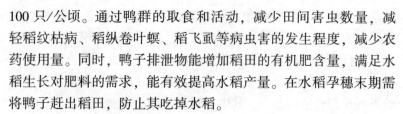

100 只/公顷。通过鸭群的取食和活动，减少田间害虫数量，减轻稻纹枯病、稻纵卷叶螟、稻飞虱等病虫害的发生程度，减少农药使用量。同时，鸭子排泄物能增加稻田的有机肥含量，满足水稻生长对肥料的需求，能有效提高水稻产量。在水稻孕穗末期需将鸭子赶出稻田，防止其吃掉水稻。

（三）利用生物药剂防治

推广应用生物药剂，可有效减轻环境污染，提高稻米品质。我国研制并推广的生物药剂有春雷霉素、井冈霉素、苏云金杆菌、阿维菌素、苦参碱和枯草芽孢杆菌等。春雷霉素和枯草芽孢杆菌可有效防治稻瘟病，井冈霉素可有效防治稻纹枯病，苏云金杆菌、阿维菌素可有效防治稻纵卷叶螟和水稻三化螟等。生物药剂需要避开高温干旱时期使用。

三、物理防控技术

（一）性诱剂诱杀技术

在性诱捕器和专用性诱芯中放置性诱剂诱捕稻纵卷叶螟与三化螟雄性成虫，扰乱害虫交配，减少螟虫交配产卵量，从而减少虫源。诱捕器放置时间一般是早稻在 4 月底至 5 月、晚稻在插秧后，每亩放置稻纵卷叶螟性诱捕器 2 台、三化螟性诱捕器 1 台，或在田埂边每隔 100 米悬挂 1 台诱捕器。在防治过程中，为保持性引诱剂的效用，每周需要向诱捕器中加入少量洗衣粉水，根据水稻生长高度及时调节诱捕器的放置高度，每月更换 1 次诱芯。

（二）灯光诱杀技术

灯光诱杀技术主要是利用害虫的趋光性在田间安装频振式杀虫灯，诱杀稻纵卷叶螟、稻飞虱等成虫，减少虫口基数。杀虫灯每 2.0~3.3 公顷安装 1 盏，连片安装，距地面高度 1.2~1.5 米为宜，每 3~5 天清理 1 次。结合害虫的高发期，杀虫灯安装时间宜在4月上旬至10月上旬，建议采用智能光控的杀虫灯。与传统的防控技术相比，使用杀虫灯环保、无毒，而且防控效果较好。

四、化学防控技术

（一）水稻种子化学处理

水稻播种前，对种子进行化学处理能有效降低水稻病虫害的发生程度。例如，早稻采用25%咪鲜胺乳油2 000倍液浸种24小时，可以预防稻瘟病，气温偏高时可适当减少浸种时间，但不能少于12小时；晚稻采用10%吡虫啉可湿性粉剂1 000~1 500倍液浸种12小时，可有效预防稻飞虱。晚造直播稻可采用种子包衣的方式进行处理，对水稻苗期病虫害有良好的预防效果。

（二）科学安全用药

在水稻病虫害绿色防控中并不是完全不使用化学农药，而是不能过量使用中高毒农药。在水稻病虫害防控的关键时期，农户应科学、安全使用化学农药，尽量选择使用高效、低毒、低残留及环境友好型化学农药，同时注意用药安全间隔期，且需要轮换用药，避免因病虫害产生抗药性而降低防控效果。一般在水稻破口期和齐穗期施药预防病害，如果抽穗期遇到阴雨天气，则需注意预防稻瘟病的发生；虫害防控应以预防主害代为主，早稻和晚稻的主害代均发生在水稻3叶抽出至破口抽穗期，应根据不同虫害在分蘖期、抽穗期的防治指标和最佳防治虫龄进行药物防治。

第二节　水稻病害绿色防治技术

一、稻纹枯病

稻纹枯病在早稻、晚稻中发生普遍且严重，无论发生面积还是为害损失均居水稻病虫害之首。水稻感病后，轻的影响谷粒灌浆，重的引起稻株枯萎倒伏，秕粒增加，千粒重降低，产量损失很大。

（一）主要症状

由真菌寄生引起，为害叶片和叶鞘。最初在近水面的叶鞘上出现水渍状小斑点，以后病斑增多，相互愈合成不规则的大型云纹斑块，其边缘为褐色，中间灰绿色或淡褐色。病斑产生数日后，表面长出灰白色网状菌丝体，以后聚缩成白色菌丝团，再集结成褐色出现菌核。叶片上的症状和叶鞘上的基本相同。病害的发生，由下向上扩展，严重时可蔓延到剑叶，甚至造成穗部发病，出现"穿顶"倒伏现象。

（二）发生特点

稻纹枯病主要以菌核在土壤中越冬，第二年春季随着灌水犁耙，漂浮水面上的菌核萌发抽出菌丝，侵入叶鞘形成病斑，在病斑上再长出菌丝，向附近蔓延，引起新病斑。以后病斑部产生菌核，落在水中，随水流传播蔓延。气温20℃以上开始发病，25~31℃和多雨情况下是病害流行的有利条件。凡高温高湿，偏施氮肥，植株柔嫩、披叶多、透光差，以及长期深水灌溉和多雨天气，发病就重。

一般从分蘖期开始发病，分蘖后期、孕穗至抽穗期最易感病，孕穗期前后发病达到最高峰。早稻发病始期一般为5月上旬，流行期为6月上中旬；晚稻发病始期为8月中下旬，流行期为9月上中旬。

（三）防治方法

1. 农业措施

合理密植，合理施肥，湿润灌溉，适时晒田。

2. 适时喷药保护与防治

在分蘖期用药1次，严重的在孕穗期再用药1次。首选药剂为井冈霉素，每亩用水剂 150 毫升或 10%粉剂 50 克，加足水量均匀喷雾。

二、稻瘟病

稻瘟病又名稻热病，俗称火烧瘟、吊头瘟、掐颈瘟等。为全国各稻区常见的重要病害。

（一）主要症状

由一种半知菌引起。水稻的整个生育期都可发病，此病可分别发生于叶、节、穗颈、谷粒等部位。常见的有叶瘟和穗颈瘟两种。

1. 叶瘟

发生在叶片上，主要有急性型和慢性型两种病斑。急性型病斑：多在高湿时出现，病斑暗绿色，一般为椭圆形或不规则形，斑上着生大量灰霉。急性型病斑发展快，是稻叶瘟流行的预兆。慢性型病斑：是常见的类型，一般为纺缍形，叶上病斑较多时，常几个病斑相连接成为不规则的大斑，引起叶片枯死。

2. 穗颈瘟

发生于穗颈和枝梗上，病斑暗黑褐色，穗部受害，一般不结实或秕谷增多，严重者成"白穗"。

（二）发生特点

以分生孢子和菌丝体在稻草和稻种上越冬，病菌孢子借气流、雨滴、水流、昆虫传播。叶瘟以分蘖盛期和孕穗末期最易感病，穗瘟则以破口期最易感病。多雨潮湿天气是病害流行的主要条件。偏施、迟施氮肥，土壤干旱或长期深灌，冷水灌田或日照不足，种植感病品种，都容易诱发稻瘟病。

一般早稻重于晚稻。早稻叶瘟流行期为 5 月上中旬，穗颈瘟为 6 月下旬至 7 月上旬；晚稻叶瘟流行期为 8 月下旬至 9 月上旬，穗瘟为 10 月上中旬。

（三）防治方法

1. 因地制宜选用抗病良种

大部分杂优组合抗病高产，宜大面积种植。

2. 种子消毒

用 25%咪鲜胺乳油 2 000 倍液浸种。早稻 48 小时，中稻 24~36 小时。

3. 合理施肥灌水

施足基肥、增施磷钾肥，防止偏施、迟施氮肥；用水以湿润灌溉、干干湿湿为好，并适时晒田。

4. 药剂防治

防治叶瘟要在发病初期用药；穗颈瘟要以预防为主，在破口期和齐穗期各用药 1 次。每亩用 40%稻瘟灵（富士一号）乳油 100 毫升，或 75%三环唑可湿性粉剂 30 克，兑水 50~60 千克喷雾。

三、稻粒黑粉病

稻粒黑粉病俗称乌米谷、乌籽、黑穗病、墨黑穗病。

（一）主要症状

苗期叶尖出现淡黄色褪绿斑，渐向基部发展，形成叶肉黄化花叶，以后全叶变黄，向上纵卷，枯萎下垂。植株矮缩，不分蘖，根系短小。分蘖后发病的不能正常抽穗结实。拔节后发病抽穗迟，穗行小，结实差。

（二）发生特点

属真菌性病害。特别是杂交稻制种田，受害更甚。

（三）防治方法

1. 选用无病种子，防止种子传病

无病区要严禁从病区调运带菌稻种。以种子带菌为主的地区，播种前需用10%食盐水选种，汰除病粒，然后用多菌灵等药剂进行种子消毒。

用40%甲醛500倍液浸种。先将稻种用清水预浸24~48小时（以吸饱水而未露白冒芽为度），取出后稍晾干，若气温在15~20℃，将预浸稻种放入500倍药液中浸48小时，再捞出用清水冲洗净后，催芽、播种。

用50%多菌灵可湿性粉剂800倍液，或70%甲基硫菌灵可湿性粉剂500倍液，或1%石灰水，浸种12小时，捞出用清水冲洗干净，催芽、播种。

2. 加强栽培管理

实行2年以上轮作。秋收后深耕土地，将浅土层大量的病菌翻入土层中深埋，或将带病秸秆用作生产沼气的原料。畜禽粪肥要经高温堆沤腐熟后方能使用。实行配方施肥或采用新型有机无机专用复混肥，避免偏施、过多施氮肥；制种田通过栽插苗数、苗龄，调节出秧整齐度，做到花期相遇；孕穗后期喷洒赤霉酸等，均可减轻发病。调整播种期，使水稻扬花灌浆期避开高温阴雨天气。实行浅水灌溉，注意晒田。

3. 药剂防治

大田抓住适期防治1次即可。杂交制种田、高感品种（组合）则需防治2~3次。用药1次防治适期在盛花期；用药2次则第一次宜在盛花始期，隔2~3天再用第二次。如在盛花始期、盛花期、盛花末期或灌浆期各治1次，效果则更好。施药时要严格掌握用药量和用水量。用药量和用水量过大或过小均影响结实率和防病效果。

每亩可选用20%三唑酮乳油100毫升，或25%三唑酮可湿性粉剂75克+5%井冈霉素水剂200毫升、50%多菌灵可湿性粉剂100克、12.5%烯唑醇可湿性粉剂70克、18.7%烯唑醇·多菌灵可湿性粉剂 30~40 克、65%代森锌可湿性粉剂 100 克、30%苯甲·丙环唑悬浮剂 15~20 毫升、40%戊唑醇可湿性粉剂 15 克、70%甲基硫菌灵可湿性粉剂 125 克、40%多·酮可湿性粉剂 75~100 克，兑水 50~75 升，在水稻孕穗末期至抽穗期均匀喷雾。

四、水稻白叶枯病

水稻白叶枯病又称白叶瘟、茅草瘟、过火风、地火烧，属细菌病害，病原为稻黄单胞杆菌水稻致病变种。

（一）主要症状

水稻受害后，先在叶尖或叶缘出现暗绿色斑点，后变成黄色长条形病斑，同健部界限明显，如波纹状；后期在叶面上有小珠状菌脓。

（二）发生特点

我国白叶枯病流行季节：南方双季稻区早稻为 4—6 月，晚稻为 7—9 月；长江流域早稻、中稻、晚稻混栽区，早稻为 6—7 月，中稻为 7—8 月，晚稻 8 月为中旬至 9 月中旬；北方单季稻区为 7—8 月。

（三）防治方法

1. 农业防治

（1）选用抗病品种。选育和换种抗、耐病良种。选用适合当地的 2~3 个主栽抗病品种。

（2）处理病草。田间病草和晒场堆放的秕谷、稻草残体应尽早处理，最好烧掉；不用病草扎秧、覆盖、铺垫道路、堵塞稻田水口等。

（3）培育无病壮秧。选择地势较高且远离村庄、草堆、场地的上年未发病的田块作秧田，避免用病草催芽、盖秧、扎秧把；整平秧田，湿润育秧，严防深水淹苗；秧苗 3 叶期和移栽前

3~5 天各喷药 1 次（药剂种类及用法同大田期防治）。

（4）加强肥水管理。健全排灌系统，实行排灌分家，不准串灌、漫灌，严防涝害；按水稻叶色变化科学用肥，配方施肥，使禾苗稳生稳长，壮而不过旺、绿而不贪青。

2. 种子消毒

稻种在消毒处理前，一般要先晒种 1~2 天，这样可促进种子发芽和病菌萌动，以利于杀菌，以后用风、筛、簸、泥水、盐水选种，然后消毒。

用 40% 三氯异氰尿酸可湿性粉剂浸种：稻种先用清水浸 24 小时后滤水晾干，再用 300 倍液三氯异氰尿酸药液浸种，早稻浸 24 小时，晚稻浸 12 小时，捞出用清水冲洗净，早稻再用清水浸 12 小时（晚稻不浸），捞出催芽、播种。

用 80% 乙蒜素乳油 2 000 倍液浸种 48 小时，捞出催芽、播种。

用 12% 松脂酸铜乳油水稻专用型 50~80 毫升，兑水 50 千克浸种，先将稻种在药液中浸泡 24 小时，再用清水浸泡，然后催芽播种。

3. 药剂防治

有病株或发病中心的稻田、大风暴雨后的发病田及邻近稻田、受淹和生长嫩绿稻田是防治的重点。秧田在秧苗 3 叶期及拔秧前 2~3 天用药（"送嫁药"）；大田在水稻分蘖期及孕穗期的初发病阶段，特别是出现急性病斑、气候有利于发病时，则需要立即施药防治，坚持"发现一点治一片，发现一片治全田"的原则，把病害控制在为害之前。

每亩可选用 50% 氯溴异氰尿酸可溶粉剂 25~50 克，或 3% 中生菌素可湿性粉剂 60 克、20% 噻菌铜悬浮剂 100~125 克、77% 氢氧化铜可湿性粉剂 120 克、36% 三氯异氰尿酸可湿性粉剂 60~

90 克、12%松脂酸铜乳油水稻专用型 50~80 毫升、45%代森铵水剂 50 毫升等，兑水 50~60 千克喷雾。

白叶枯病防治宜在上午露水干后或下午露水出现前进行，发病田要先打未发病的区域，最后打发病中心，避免人为和田间串灌传播。

白叶枯病发病田有露水时，不要下田喷药、拔草、施肥及进行其他农事操作。用药次数可根据病情发展，每隔 5~7 天，连续施药 1~3 次。为了延缓病菌抗药性的发展，对药剂要进行合理轮换使用，以延长药剂的使用寿命和确保防治效果。

五、水稻恶苗病

水稻恶苗病又称徒长病、白秆病，属水稻地上部的一种真菌性病害，是水稻生产上的常见病害。

（一）主要症状

本病从苗期至抽穗期均可发生，病苗颜色呈淡黄绿色，比健壮苗长得高而细弱，叶片狭长，根部发育不良，部分病苗在移栽前枯死，一般不抽穗结实，所以俗称"米禾""公禾""标禾""标茅""公秧"。

（二）发生特点

水稻恶苗病从苗期到抽穗期均可发生，一般以分蘖期发生最多。病原为串珠镰孢菌，属半知菌亚门真菌。

（三）防治方法

1. 农业防治

建立无病留种田和进行种子处理是防治此病的关键。播种前催芽不能太长，以免下种时易受创伤而有利于病原菌的侵入。拔秧时应尽量避免秧根损伤太重，并尽量避免在高温和中午插秧，以减轻发病。对秧苗要做到"五不插"，即不插隔夜秧、不插老龄秧、不插深泥秧、不插烈日秧、不插冷水浸的秧。处理好病草、病谷，做好种子消毒处理。不能用病稻草作催芽或旱育秧的覆盖物。将发病苗、病株及时拔出处理，减少再侵染源。

2. 种子消毒

（1）药剂浸种。水稻播种前，用农药浸种，可有效地杀灭附着在种子内外的病菌，防止或减轻对水稻的侵染危害。药剂浸种是预防和控制恶苗病的关键措施，也是唯一的办法，而在水稻生长期用药防治恶苗病基本上没有效果，目前登记用于浸种防治水稻恶苗病的药有咪鲜胺、噁霉灵、咯菌腈、氰烯菌酯、溴硝醇等单剂及多·福、多·咪、福美双、甲霜·福美双、福·甲·咪鲜胺、精甲·咯菌腈等混配剂，其中以咪鲜胺及其混配剂最常用。由于多年使用以多菌灵为代表的苯并咪唑类杀菌剂防治，导致水稻恶苗病病菌对这类药产生了较高的抗药性，同类药咪鲜胺也有潜在的抗药性风险。近年来，25%氰烯菌酯悬浮剂2 000倍液浸种24小时，种子捞起后直接催芽，对水稻恶苗病有较好的防治效果，能有效杀灭已对多菌灵等苯并咪唑类药产生抗药性的恶苗病病菌。

（2）药剂拌种。每100千克种子，选用0.25%戊唑醇悬浮种衣剂2 000~2 500克，或400克/升萎锈·福美双悬浮剂120~160毫升、75%萎锈·福美双可湿性粉剂150~190克、25克/升咯菌腈悬浮种衣剂400~600克、62.5克/升精甲·咯菌腈悬浮种衣剂160~200克、16%福·甲·咪鲜胺种子处理悬浮剂267~400克、70%噁霉灵种子处理干粉剂70~140克、20%多·咪·福美双悬浮种衣剂167~250克、15%多·福悬浮种衣剂225~300克、0.78%多·多唑拌种剂233~312克拌种，或用3.5%咪鲜·甲霜灵粉剂按药种比1∶（80~100）、1.3%咪鲜·吡虫啉悬浮种衣剂按药种比1∶（40~50）、15%甲霜·福美双悬浮种衣剂按药种比

1：（40~50）拌种。

3. 苗期防治

旱育秧在秧苗针叶期，用 250 克/升咪鲜胺乳油 1 500 倍液喷雾，对控制病害的发生传播具有较好的作用。肥床旱育秧，每亩用 250 克/升咪鲜胺乳油 4 毫升。制种田在母本齐穗至始花期每亩用 250 克/升咪鲜胺乳油 7 毫升加 25% 三唑酮可湿性粉剂 3.1 毫升，兑水 50 千克喷雾防治，能有效防止恶苗病原菌侵染母本花器。

六、水稻稻曲病

水稻稻曲病是一种为害水稻穗部的病害，又称青粉病、伪黑穗病、绿黑穗病、谷花病，多发生在收成好的年份，故又名丰收果，属真菌病害。

（一）主要症状

为害个别谷粒，初在谷粒内形成菌丝体，逐渐增大，使内外颖张开，露出淡黄色块状物，即病菌孢子座。

（二）发生特点

此病对产量造成的损失是次要的，主要的是病原菌有毒，孢子污染稻谷，降低稻米品质。水稻破口期、始穗期、扬花期如遇多雨寡照，相对湿度过高极有利于发病。

（三）防治方法

1. 选用高产抗病品种

一般散穗型、早熟品种发病较轻；密穗型、晚熟品种发病较重。

2. 农业防治

早期发现病粒及时摘除，重病地块收获后进行深翻，以使菌核和稻曲球在土中腐烂。春季播种前，清理田间杂物，以减少菌源。适当稀植，并采取宽行窄株或宽窄行栽培、半旱式栽培，改善田间通风透光，降低田间湿度，人为创造不利于发病的环境条件。适时施用化肥，防止过迟施用氮肥，氮、磷、钾配合使用，氮肥采取基、蘖、穗肥各 1/3 的方式施用，不要过多施用穗肥。坚持浅水勤灌，适时晒田。

3. 种子处理

播种前进行种子消毒，可采用以下药剂处理。

每亩用 12% 松脂酸铜乳油水稻专用型 70 毫升，兑水 50 升浸种。先将稻种在药液中浸泡 24 小时，再用清水浸泡，然后催芽、播种。

用 15% 三唑酮可湿性粉剂 300~400 克拌种 100 千克。

用 40% 多·福可湿性粉剂 500 倍液，或 80% 乙蒜素乳油 2 000 倍液，或 50% 多菌灵可湿性粉剂 500 倍液，浸种 48 小时，捞出催芽、播种。

用 50% 甲基硫菌灵可湿性粉剂 500 倍液，浸种 24 小时，浸种后捞出催芽、播种。

用 40% 甲醛 500 倍液浸种。先将稻种用清水预浸 24~48 小时（以吸饱水而未露白冒芽为度），取出后稍晾干，若气温在 15~20℃，将预浸稻种放入 500 倍药液中浸 48 小时，再捞出用清水冲洗净后，催芽、播种。

4. 大田防治

（1）宜在孕穗后期、破口期前 5~7 天（常规稻可根据植株外观，当剑叶叶环与剑叶下一叶的叶环持平或剑叶叶环高于剑叶下一叶叶环 1 厘米时）施药预防。一般感病品种（籼粳杂交稻）、往年发病重的田块、植株嫩绿（施氮过多）、气候适宜（温暖、阴雨）需预防。

每亩可选用 25% 多·酮可湿性粉剂 80~100 克，或 15% 络氨铜水剂 250~330 毫升、30%琥胶肥酸铜可湿性粉剂 100~125 克、43%戊唑醇悬浮剂 10~15 毫升、3%井冈·嘧苷素水剂 200~250 毫升、25%咪鲜胺乳油 50~100 毫升、1%蛇床子素水乳剂 127~167 毫升、15%井冈·蜡芽菌可溶粉剂 50~70 克、15%三唑醇可湿性粉剂 60~70 克、86.2%氧化亚铜可湿性粉剂 30 克等，兑水 50~60 千克，均匀喷雾，可以有效控制病害的扩展。

（2）水稻生长中后期、病害初发期，每亩可选用 12%井冈·烯唑醇可湿性粉剂 45~75 克，或 20%井冈·三环唑可湿性粉剂 150 克、24%腈苯唑悬浮剂 10~15 毫升、20%烯肟·戊唑醇悬浮剂 40~53 毫升、15%井冈·丙环唑可湿性粉剂 100~120 克、20%井·烯·三环唑可湿性粉剂 75~90 克、16%井·酮·三环唑可湿性粉剂 150~200 克、15.5%井冈·三唑酮可湿性粉剂 100~120 克、30%己唑·稻瘟灵乳油 60~80 毫升、5%己唑醇悬浮剂 20~30 毫升、2.5%井·100 亿活芽孢/毫升枯草芽孢杆菌水剂（稻曲宁）200~300 毫升，兑水 50~60 千克喷雾。

七、水稻胡麻叶斑病

水稻胡麻叶斑病又称胡麻叶枯病、胡麻斑病。

（一）主要症状

种子芽期受害，芽鞘变褐，芽未抽出，子叶枯死。苗期叶片、叶鞘发病时病斑扩大连片成条形，病斑多时秧苗枯死。成株叶片染病边缘褐色，严重时连成不规则大斑。病叶由叶尖向内干枯，潮褐色，死苗上产生黑色霉状物。叶鞘上染病水渍状，后变为中心灰褐色的不规则大斑。穗颈和枝梗发病受害部暗褐色，造成穗枯。谷粒染病灰黑色，扩至全粒造成秕谷。气候湿润时，病部长出黑色绒状霉层。

（二）发生特点

该病属真菌病害，多发生在因缺水肥引起水稻生长不良的稻田。

（三）防治方法

1. 科学管理肥水

施足基肥，注意氮、磷、钾肥的配合施用。无论秧田或大田，当稻株因缺氮发黄而开始发病时，应及时施用硫酸铵、人粪尿等速效性肥料，如缺钾而发病，应及时排水增施钾肥。在水分管理方面以浅水勤灌为好，既要避免长期淹灌所造成的土壤通气不良，又要防止缺水受旱。

2. 深耕改土

深耕能促使根系发育良好，增强稻株吸水吸肥能力，提高抗病性。砂质土应增施有机肥，用腐熟堆肥作基肥；酸性土壤要注意排水，并施用适量石灰，以促进有机肥物质的正常分解，改变土壤酸度。

3. 种子消毒

用80%乙蒜素乳油（抗菌剂402）2 000倍液浸种48小时，或50%多菌灵可湿性粉剂500倍液、40%多·福可湿性粉剂500倍液，浸种48小时，浸后捞出催芽、播种。或用250克/升咪鲜胺乳油2 000倍液连续浸72小时后捞起，不淘洗、不催芽（肥床旱育秧），晾干后直接播种。浸种期间不要将浸种容器置于阳光下暴晒。稻种在消毒处理前，最好先晒1~2天，这样可促进种子发芽和病菌萌动，以利于杀菌，后通过风、筛、簸、泥水、盐水选种，然后消毒。

4. 药剂防治

秧田出现发病秧苗时应施药防治，该病大田主要在水稻分蘖期至抽穗期发生，叶片出现病斑应立即用药剂喷雾进行防治。每亩可选用30%苯甲·丙环唑乳油15毫升，或25%嘧菌酯悬浮剂40毫升、250克/升咪鲜胺乳油40~60毫升、50%多·硫悬浮剂200克、30%敌瘟磷乳油75~100毫升、40%异稻瘟净乳油

150~200毫升、40%稻瘟灵乳油100毫升、50%多菌灵可湿性粉剂60克、50%异菌脲可湿性粉剂66~100毫升，兑水50~60升喷雾，间隔5~7天再喷1次。

八、水稻叶鞘腐败病

水稻叶鞘腐败病又名鞘腐病。

（一）主要症状

1. 叶片

叶鞘腐败病多发生在水稻孕穗期的剑叶叶鞘上，初期为害症状为暗褐色小斑，边缘模糊，后面小斑集结成云纹状病斑，似虎斑；病斑继续扩展到叶鞘大部分。

2. 穗部

叶鞘内的幼穗部分或全部枯死成为枯孕穗；稍轻的呈包颈的半抽穗状。潮湿时，病部着生粉霉，剥开剑叶叶鞘，可见菌丝体及粉霉，即为该病病菌。

（二）发生特点

病原为稻帚枝霉，属半知菌亚门真菌，尤以中稻及晚稻后期发生重。

（三）防治方法

1. 农业防治

选择稻穗抽出度较好的品种可以减轻发病。实行配方施肥，勿偏施、迟施氮肥，合理排灌，适时露晒田，使植株生长健壮，后期不贪青。通过加强肥水管理，提高水稻抗病能力。

2. 种子处理

用40%多菌灵悬浮剂500倍液浸种48小时，捞出洗净，催芽、播种，或用40%多·酮可湿性粉剂250倍液浸种24小时，捞出洗净，催芽、播种。

3. 田间防治

田间喷药结合防治稻瘟病可兼治本病。以杂交稻及杂交制种田为防治重点，杂交制种田应于剪叶后随即喷药保护 1 次；常规稻于始穗期前后施药。晚稻"寒露风"前后可将叶面营养剂混合杀虫杀菌剂喷施 1~2 次以利于抽穗及防病。病害常发期为幼穗分化至孕穗期，根据病情、苗情、天气情况喷药保护1~2 次。

每亩用 50%多·硫悬浮剂 200 克，或 40%多·酮可湿性粉剂 75~100 克、20%三唑酮乳油 70~90 毫升、25%多菌灵可湿性粉剂 200 克+25%三唑酮可湿性粉剂 50~75 克、50%咪鲜胺锰络化合物可湿性粉剂 60~80 克、50%甲基硫菌灵可湿性粉剂 100 克，兑水 50~60 升，均匀喷雾，发生严重时，间隔 15 天再喷 1 次。

也可选用 50%苯菌灵可湿性粉剂 1 500 倍液，或 3%多抗霉素水剂 400~600 倍液、25%丙环唑乳油 500~1 000 倍液喷雾，每亩喷药液 50~60 千克。

九、水稻细菌性褐条病

水稻细菌性褐条病，又称细菌性心腐病，因水稻感病后烂心而得名，特别是台风暴雨后稻田受淹，禾苗生长严重受阻，容易发生。病原菌为燕麦（晕疫）假单胞菌，属假单胞杆菌属细菌。

（一）主要症状

主要为害叶片或叶鞘。幼苗发病轻则变黄，长势弱，重则枯死；病田大面积发病时有腥臭味。

（二）发生特点

在中国主要发生在南方稻区。一般稻苗受淹后 3~8 天开始出现症状，发病轻重与稻苗受淹时间成正相关；高温、高湿、天气闷热有利于发病。秧田期及分蘖盛期发病重，幼穗分化期较轻；生长嫩绿的发病重，黄瘦的发病轻；矮秆品种发病重，高秆品种发病轻。一般发病率为10%~20%，严重田块发病率达50%以上。

（三）防治方法

1. 农业防治

整治排灌系统，避免洪水淹没稻田，合理灌溉，防止深灌积水，以避免稻株感染。增施有机肥，氮、磷、钾肥合理配合施用，增强水稻抗病力。洪水退后，应扶正冲斜禾苗，洗去禾叶上附着的泥浆，排水晒田，要尽量防止田水串流串灌，防止病菌随水流传播。为增加植株营养，提高抗病力，叶面可适当喷施磷酸二氢钾。也可每亩撒施石灰或草木灰15~20千克，以控制病害扩散和促进稻根新生。当新根出现时，抓紧追施速效性氮肥，促进稻株恢复生长，以减少损失。加强秧田管理，避免串灌和防止淹苗。

2. 种子消毒

稻种在消毒处理前，一般要先晒种和选种。稻种先用清水浸24小时后滤水晾干，再用40%三氯异氰尿酸300倍液浸种，早稻浸24小时，晚稻浸12小时，捞出用清水冲洗净，早稻再用清水浸12小时（晚稻不浸），捞出催芽、播种。

或用80%乙蒜素乳油（抗菌剂402）2 000倍液浸种48小时，捞出催芽、播种。或用45%代森铵水剂50倍液浸种2小时，捞出催芽、播种。或用12%松脂酸铜乳油水稻专用型乳油50~80毫升，兑水80千克浸种24小时，再用清水浸泡，然后催芽、播种。

3. 药剂防治

对未受淹的秧田或稻田，在秧苗2~3叶期或病害初见时用药。药剂每亩可选用20%噻菌铜悬浮剂100毫升，兑水50千克喷雾，隔 5~7 天再防治 1 次。

秧田期发病，每亩用 20% 噻菌铜悬浮剂 100 毫升，兑水 70 千克，在秧苗 3 叶期和移栽前 5~7 天各喷雾防治 1 次。

本田发病，每亩可选用 77% 氢氧化铜可湿性粉剂 120 克，兑水 50~60 千克，在秧苗或本田发病始期喷药防治。本田期用 2 : 1 : 500 波尔多液喷雾有一定防效。

十、水稻细菌性条斑病

水稻细菌性条斑病简称细条病、条斑病，属细菌性病害。病原为稻黄单胞菌稻生致病变种。

（一）主要症状

该病主要为害叶片。病斑最初为暗绿色水渍状半透明小点，后在叶脉间逐渐扩展成长短不一的水渍状细条斑，呈黄褐色或橙黄色，并有许多珠状蜜黄色菌脓，以叶背居多。对光观察，条斑呈半透明状。受害严重的如火烧状。

（二）发生特点

细条病主要是通过带病种子、病稻草、病田水等传播为害，其中带病种子是初侵染来源。从气孔或伤口侵入，借风、雨、露水、灌溉水和人畜走动传播。高温高湿、大风、多雨是病害的流行条件，尤其是在 8—9 月多暴雨、台风季节蔓延最为迅猛。偏施氮肥或种植密度过密的田块发生较重。

主要发生在晚稻，一般 8 月上中旬始见，8 月下旬至 9 月上旬流行。

（三）防治方法

1. 农业防治

（1）把好种子稻草关。严格制止带病稻谷、稻草外运，病草不要散落在田间、渠边和塘边。不能用病草催芽和扎秧，病草不能还田。浸种时用 85% 三氯异氰尿酸可溶粉剂 400~500 倍液浸种 24 小时，浸种以液面高出种子表面 6~8 厘米为宜，药液浸种后用清水洗干净，再水浸、催芽。

（2）加强栽培管理。选择适合本地区种植的抗病良种，并科学管理肥水，做到配方施肥。多施有机肥，控氮增施磷、钾肥。病区严禁串灌、漫灌，实行排灌分家，防止病田之水流入无病田，控制病菌的蔓延。适时落水晒田，可增强稻株的抗病能力，减轻为害。在整田时，每亩可施生石灰 50~60 千克，对细条病的发生具有一定的预防作用。在分蘖期、抽穗期每亩分别喷施磷酸二氢钾 200 克，能增强稻株抗性，减轻为害程度。

2. 药剂浸种

先将种子用清水预浸 12~24 小时，再用 85% 三氯异氰尿酸可溶粉剂 300~500 倍液浸种 12~24 小时，捞起洗净后催芽播种；或用 45% 代森铵水剂 500 倍液浸种 12~24 小时，洗净药液后催芽。

3. 药剂防治

一般在秧苗移栽前 7 天喷 1 次药，勤检查，发现中心病株后，开始每亩选用 50% 氯溴异氰尿酸水溶性粉剂 50~60 克或 36% 三氯异氰尿酸可湿性粉剂 60~80 克、20% 噻唑锌悬浮剂 100~150 克、5% 辛菌胺醋酸盐水剂 130~160 毫升、12% 松脂酸铜乳油 100 毫升，兑水 50~60 千克，均匀喷洒。

也可选用 3% 中生菌素可湿性粉剂 800~900 倍液，或 80% 乙蒜素乳油 800~1 000 倍液、15% 络氨铜水剂 200 倍液、77% 氢氧化铜可湿性粉剂 1 000 倍液，病情蔓延较快或天气对病害流行有利时，应间隔 6~7 天喷 1 次，连续喷施 2~3 次。

若遇上连续阴雨、日照不足，特别是暴雨、台风等情况，水稻细条病会很快蔓延，一次用药难以控制病情，用药后几天内要注意观察，如病情仍在扩展，应再次用药。为延缓病菌抗药性的产生，最好多种药剂轮换使用。

十一、水稻穗腐病

水稻穗腐病是真菌性病害，是由于气候、耕作栽培制度的改变、施肥量的增加、品种的变更等原因造成的，是近年来全国各稻区水稻后期普遍发生的一种穗部病害。

（一）主要症状

在抽穗后期可引起苗枯、茎腐、基腐；小穗受害后出现褐色水渍状病斑，逐渐蔓延至全穗使病穗枯黄、籽粒干瘪、霉烂。

（二）发生特点

病原菌以镰刀菌为主要初侵染源。穗腐病的发生、为害、流行规律与气候条件、品种类型、耕作栽培制度、肥水管理（偏施、过施或迟施氮肥）、植株贪青成熟延迟的关系十分密切。

（三）防治方法

1. 农业措施

（1）种子消毒方法同稻瘟病。

（2）处理田间瘪谷，最好烧作灰肥以减少病菌来源。

（3）加强肥水管理，避免偏施、过施、迟施氮肥，增施磷、钾肥。适时适度露晒田使植株转色正常、稳健生长，以延长根系活力防止倒伏。

2. 化学措施

结合防穗颈瘟抓好抽穗期前后喷药预防。在历年发病的地区或田块，在始穗和齐穗期各喷药1次，必要时在灌浆乳熟前加喷1次。另外，通过关注天气预报，如果在抽穗前知道有风雨即将来临，在风雨前或风雨后喷药1次，可减轻发病。

药剂选择：可选用50%多菌灵可湿性粉剂和70%甲基硫菌灵

可湿性粉剂，或 45%咪鲜胺乳油、80%代森锰锌可湿性粉剂和 20%三唑酮乳油等。复配剂中可选用三唑酮+苯甲·丙环唑、戊唑醇+丙森锌。另外，三环唑+三唑酮、三环唑+多菌灵、三环唑+苯甲·丙环唑和三环唑+甲基硫菌灵的防效也不错。目前尚无专用药剂防治穗腐病。

十二、水稻赤枯病

水稻赤枯病又称铁锈病，俗称僵苗、坐蔸、坐棵等，是一种生理性病害。

（一）主要症状

水稻赤枯病的主要症状有下面 3 种。

1. 缺钾型赤枯

在分蘖前始现，分蘖末发病明显，病株矮小，生长缓慢，分蘖减少，叶片狭长而软弱披垂，下部叶自叶尖沿叶缘向基部扩展变为黄褐色，并产生赤褐色或暗褐色斑点或条斑。严重时自叶尖向下赤褐色枯死，整株仅有少数新叶为绿色，似火烧状。根系黄褐色，根短而少。

2. 缺磷型赤枯

多发生于栽秧后 3~4 周，能自行恢复，孕穗期又复发。初在下部叶叶尖有褐色小斑，渐向内黄褐干枯，中肋黄化。根系黄褐，混有黑根、烂根。

3. 中毒型赤枯

移栽后返青迟缓，株型矮小，分蘖很少。根系变黑或深褐色，新根极少，节上生根。叶片中肋初黄白化，接着周边黄化，重者叶鞘也黄化，出现赤褐色斑点，叶片自下而上呈赤褐色枯死，严重时整株死亡。

（二）发生特点

在水稻分蘖期容易发生。此病一旦发生，会造成稻苗出叶慢、分蘖迟缓或不分蘖、株型簇立、根系发育不良等，引起僵苗不发，严重阻碍水稻的正常生长发育。

(三) 防治方法

以预防为主，采取综合性措施，并根据不同发生类型进行针对性防治。

1. 精耕细作，提高土壤熟化程度

前茬收获后及时耕翻晒垡。土质差的要调换客土，种好绿肥，增施充分腐熟的厩肥、土杂肥，促使土壤形成团粒结构，发挥土壤潜在肥力。尽量不用砂土、黏土作稻田土壤用。

2. 合理施肥，提高基肥质量

实施秸秆还田的田块，最迟在插秧前 10 天翻耕，且每亩撒施生石灰 50 千克，以加速绿肥及秸秆腐烂分解，也可先将绿肥或秸秆进行沤制后再还田。

3. 加强田间管理，采用水旱轮作，提高土壤通透性能

改进栽培措施，采用培育壮秧、抛秧、浅水勤灌等栽培措施。改选低洼浸水田，做好排水沟（如围沟），将毒素及冷凉水排出稻田，提高泥温。发病稻田要立即排水，酌施生石灰，轻度晒田，促进浮泥沉实，以利于新根早发。早稻田要浅灌勤灌，及时松土，增加土壤通透性。

4. 采取相应措施，提高稻株抗病能力

缺钾土壤，应以基肥形式，每亩施氯化钾或硫酸钾 8 ~ 12 千克，或草木灰 60 ~ 80 千克。砂土稻田因钾素易流失，基肥应改为分几次追肥应用。缺磷土壤，应早施、集中施过磷酸钙，每亩用量为 30~60 千克，或喷施 3% 磷酸二氢钾水溶液；缺锌土壤，结合施底肥，每亩施硫酸锌 1~1.5 千克，或用 0.5% 的硫酸锌液于插秧前蘸稻根；移栽后若发现有赤枯现象，用 0.2% ~ 0.3% 硫酸锌每亩 1.6 千克进行叶面喷雾。施用有机肥过多的发

酵田块，应立即排水，每亩施石膏 2~3 千克后松土、露田、晒田；低温阴雨期间，及时排出温度较低的雨水，换灌温度较高的河水。对已发生赤枯病的田块，应立即晒田。在追施氮肥的同时，配施钾肥，随后松土，促进稻根发育，提高吸肥能力。也可叶面喷施浓度为 1%的氯化钾液或 0.2%的磷酸二氢钾液。

5. 补救措施

对已发病的稻田，应根据缺素的种类及时追肥，控制病情。对缺钾性赤枯病，应立即排水，每亩追氯化钾 4~6 千克，以后浅水勤灌，促进新根形成，也可每亩叶面喷施 1%氯化钾液或硫酸钾溶液 40~50 升。对缺锌性赤枯病，也应立即排水，每亩追施硫酸锌 0.8~1.5 千克，以后浅水勤灌，促进新根形成，也可叶面喷施 0.3%硫酸锌溶液或氯化锌溶液。但要注意这类稻田切不可施用生石灰等碱性物质，否则会加重病情。

6. 施生物肥

每亩圣丹生物肥 3 千克，进行撒施，方法简便，见效快。

第三节　水稻虫害绿色防治技术

一、黏虫

黏虫属鳞翅目夜蛾科，又称剃枝虫、行军虫，俗称五彩虫、麦蚕等。各地均有发生。主要为害玉米、小麦、水稻、高粱以及谷子等禾本科作物。

（一）主要症状

水稻黏虫是多发性害虫，黏虫幼虫白天多潜伏在稻丛基部或稻田土壤缝隙中，夜晚或阴天出来为害，主要以幼虫咬食水稻叶片，1~2 龄幼虫仅食叶肉形成小孔，3 龄后才形成缺刻，5~6 龄达暴食期，严重时将叶片吃光，乳熟期、黄熟期咬断小枝梗，往往1~2昼夜内落粒满田，造成严重减产，甚至绝收。

（二）形态识别

1. 成虫

黏虫成虫体色呈淡黄色或淡灰褐色，体长17~20毫米，翅展35~45毫米，触角丝状，前翅中央近前缘有2个淡黄色圆斑，外侧环形圆斑较大，后翅正面呈暗褐色，反面呈淡褐色，缘毛呈白色，由翅尖向斜后方有1条暗色条纹，中室下角处有1个小白点，白点两侧各有1个小黑点。雄蛾较小，体色较深，其尾端经挤压后，可伸出1对鳃盖形的抱握器，抱握器顶端具1长刺，这一特征是别于其他近似种的可靠特征。雌蛾腹部末端有1尖形的产卵器。

2. 卵

黏虫卵半球形，直径约0.5毫米，初产时乳白色，表面有网状脊纹，初产时白色，孵化前呈黄褐色至黑褐色。卵粒单层排列成行，但不整齐，常夹于叶鞘缝内，或枯叶卷内，在水稻和谷子叶片尖端上产卵时常卷成卵棒。

3. 幼虫

幼虫体长38~40毫米，头黄褐色至淡红褐色，正面有近"八"字形黑褐色纵纹。体色多变，背面底色有黄褐色、淡绿色、黑褐色至黑色。体背有5条纵线，背中线白色，边缘有细黑线，两侧各有2条极明显的浅色宽纵带，上方1条红褐色，下方1条黄白色、黄褐色或近红褐色。两纵带边缘饰灰白色细线。腹面污黄色，腹足外侧有黑褐色斑。腹足趾钩呈半环形排列。

4. 蛹

蛹红褐色，体长17~23毫米，腹部第5节、第6节、第7节背面近前缘处有横列的马蹄形刻点，中央刻点大而密，两侧渐稀，尾端有尾刺 3 对，中间 1 对粗大，两侧各有短而弯曲的细刺 1 对。雄蛹生殖孔在腹部第 9 节，雌蛹生殖孔位于第 8 节。

（三）发生规律

每年发生 3~7 代，以蛹在土中越冬。

幼虫发育以 25~28℃ 和相对湿度 75%~90% 最为适宜。在北方湿度对其影响更为明显，月降水量高于 100 毫米、相对湿度 70% 以上，为害严重。

（四）防治方法

1. 农业防治

在成虫产卵盛期前选叶片完整、不霉烂的稻草 8~10 根扎成小把，每亩插 30~50 把，每隔 5~7 天更换 1 次（若草把用 40% 的乐果乳油 20~40 倍液浸泡可减少换把次数），可显著减少田间虫口密度。幼虫发生期间，可放鸭防虫。

2. 物理防治

用频振式杀虫灯诱杀成虫，效果理想。

3. 化学防治

重发稻田，可在低龄幼虫期（2~3 龄高峰期）选用 20% 除虫脲悬浮剂 5 000~6 000 倍液，或 90% 敌百虫原药 1 000~1 500 倍液、50% 敌百·辛硫磷乳油或 10% 氯菊酯乳油 2 000~3 000 倍液、2.5% 溴氰菊酯乳油 1 500~2 000 倍液、25% 杀虫双水剂 200~400 倍液，每亩用药液 50~75 升均匀喷雾。

二、稻蓟马

（一）主要症状

稻蓟马成虫为黑褐色，有翅，爬行很快。一生分卵、若虫和成虫 3 个阶段。成虫、若虫均可为害水稻、茭白等禾本科作物的幼嫩部位，吸食汁液，被害的稻叶失水卷曲，稻苗落黄，稻叶上有星星点点的白色斑点或产生水渍状黄斑，心叶萎缩，虫害严重的内叶不能展开，嫩梢干缩，籽粒干瘪，影响产量和品质。若虫和成虫相似，淡黄色，很小，无翅，常卷在稻叶的尖端，刺吸稻叶的汁液。由于稻蓟马很小，一般情况下，不易引起人们注意，只是当水稻为害严重而造成大量卷叶时才被发现，因此，要及时检查，把稻蓟马消灭在幼虫期。

（二）形态识别

1. 成虫

成虫体长 1～1.3 毫米，黑褐色，头近似方形，触角 8 节，翅浅黄色、羽毛状，腹末雌虫锥形，雄虫较圆钝。

2. 卵

卵为肾形，长约 0.26 毫米，黄白色。

3. 若虫

若虫共 4 龄，4 龄若虫又称蛹，长 0.8～1.3 毫米，淡黄色，触角折向头与胸部背面。

（三）发生规律

稻蓟马生活周期短，发生代数多，世代重叠，田间世代很难划分。多数以成虫在麦田、茭白及禾本科杂草等处越冬。成虫常藏身卷叶尖或心叶内，早晚及阴天外出活动，能飞，能随气流扩散。卵散产于叶脉间，有明显趋嫩绿稻苗产卵习性。初孵幼虫集中在叶耳、叶舌处，更喜欢在幼嫩心叶上为害。若 7—8 月遇低温多雨，则有利其发生为害；秧苗期、分蘖期和幼穗分化期，是稻蓟马的为害高峰期，尤其是水稻品种混栽田、施肥过多及本田初期受害会加重。

（四）防治方法

1. 农业防治

冬春季及早铲除杂草，特别是秧田附近的游草及其他禾本科杂草等越冬寄主，降低虫源基数；科学规划，合理布局，同一品种、同一类型尽可能集中种植；加强田间管理，培育壮秧壮苗，增强植株抗病能力。

2. 生物防治

稻蓟马的天敌主要有花蝽、草间小黑蛛、稻红瓢虫等，要保护天敌，发挥天敌的自然控制作用。

3. 药剂防治

采取"狠治秧田，巧治大田；主攻若虫，兼治成虫"的防治策略。依据稻蓟马的发生为害规律，防治适期为秧苗4叶期、5叶期和稻苗返青期。防治指标为若虫发生盛期，当秧田百株虫量达到200~300头或卷叶株率达到10%~20%，水稻本田百株虫量达到300~500头或卷叶株率达到20%~30%时，应进行药剂防治。可亩用90%敌百虫原药可溶粉剂1 000倍液，或48%毒死蜱乳油80~100毫升或10%吡虫啉可湿性粉剂20克等药剂，兑水50千克田间均匀喷雾，以清晨和傍晚防治效果较好。由于受害水稻生长势弱，适当增施速效肥可帮助其恢复生长，减少损失。

三、稻苞虫

（一）主要症状

稻苞虫又叫卷叶虫，为水稻常发性虫害之一，常因其为害而导致水稻大幅度减产。稻苞虫常见的有直纹稻苞虫和隐纹稻苞虫，以直纹稻苞虫较为普遍。发生特点是成虫白天飞行敏捷，喜食糖类，如芝麻、黄豆、油菜、棉花等的花蜜。凡是蜜源丰富地区，发生为害严重。1~2龄幼虫在叶尖或叶缘纵卷成单叶小卷，3龄后卷叶增多，常卷叶2~8片，多的达15片左右，4龄以后呈暴食性，占一生所食总量的80%。白天苞内取食。黄昏或阴天苞外为害，导致受害植株矮小，穗短粒小成熟迟，甚至无法抽穗，影响开花结实，严重时期稻叶全被吃光。稻苞虫第一代为害杂草和早稻，第二代为害中稻及部分早稻，第三代为害迟中稻和晚季稻，虫口多，为害重。第四代为害晚稻。世代重叠，第二代、第三代为害最重。

（二）形态识别

1. 成虫

成虫体长 16~20 毫米，翅展 28~40 毫米，体及翅均为棕褐色，并有金黄色光泽。前翅有 7~8 枚排成半环状的白斑，下边一个大。后翅中间具 4 个半透明白斑，呈直线或近直线排列。

2. 卵

卵半球形，直径 0.8~0.9 毫米，初产时淡绿色，孵化前变褐色至紫褐色，卵顶花冠具 8~12 瓣。

3. 幼虫

幼虫两端细小，中间粗大，略呈纺锤形。末龄幼虫体长 27~28 毫米，体绿色，头黄褐色，中部有"W"形深褐色纹。背线宽而明显，深绿色。

4. 蛹

蛹长 22~25 毫米，黄褐色，近圆筒形，头平尾尖。初蛹嫩黄色，后变为淡黄褐色，老熟蛹变为灰黑褐色，第 5 腹节、第 6 腹节腹面中央有 1 个倒"八"字形纹。

（三）发生规律

稻苞虫在河南省每年发生 4~5 代。以老熟幼虫在田边、沟边、塘边等处的芦苇等杂草间，以及茭白、稻茬和再生稻上结苞越冬，越冬场所分散。越冬幼虫翌春小满前化蛹羽化为成虫后，主要在野生寄主上产卵繁殖 1 代，以后的成虫飞至稻田产卵。以 6—8 月发生的 2 代、3 代为主害代。成虫夜伏昼出，飞行力极强，以嗜食花蜜补充营养。有趋绿产卵的习性，喜在生长旺盛、叶色浓绿的稻叶上产卵；卵散产，多产于寄主叶的背面，一般1叶仅有卵1~2粒；少数产于叶鞘。单雌产卵量平均65~220粒。初孵幼虫先咬食卵壳，爬至叶尖或叶缘，吐丝缀叶结苞取食，幼虫白天多在苞内，清晨或傍晚，或在阴雨天气时常爬出苞外取食，咬食叶片，不留表皮，大龄幼虫可咬断稻穗小枝梗。3龄后抗药力强。有咬断叶苞坠落，随苞漂流或再择主结苞的习性。田水落干时，幼虫向植株下部老叶转移，灌水后又上移。幼虫共5龄，老熟后，有的在叶上化蛹，有的下移至稻丛基部化蛹。化蛹时，一般先吐丝结薄茧，将腹部两侧的白色蜡质物堵塞于茧的两端，再蜕皮化蛹。山区野生蜜源植物多，有利于繁殖；阴雨天，尤其是时晴时雨，有利于大发生。

（四）防治方法

1. 农业防治

合理密植，科学施肥，防旺长、防徒长避免造成田间郁闭；收获后及时清除病残体，深耕翻细整地，使表土细碎、地面平整。

2. 生物防治

保护利用寄生蜂等天敌昆虫。

3. 药剂防治

当百丛水稻有卵80粒或幼虫10~20头时，在幼虫3龄以前，抓住重点田块进行药剂防治。每亩可用90%敌百虫原药75~100克兑水喷雾。

四、稻飞虱

稻飞虱属同翅目飞虱科。

（一）主要症状

我国稻区均有发生。成虫和若虫群聚稻株茎基部刺吸汁液，轻者水稻下部叶片枯黄，千粒重下降；重者生长受阻，甚至毁秆倒伏，形成枯孕穗或半枯穗。同时还可传播多种病毒病。

（二）形态识别

1. 灰飞虱

成虫：雄虫黑褐色，雌虫淡黄色。长翅型：4~5毫米，短翅型：2.4~2.6毫米。中胸背板雄虫黑褐色，仅后缘淡黄色；雌虫中部淡黄色，两侧色深。若虫：乳白色，胸部有明显的云状斑。卵：单行排列，乳白色至淡黄色，长椭圆形，稍弯，形似辣椒。

2. 褐飞虱

成虫：褐色或黑褐色，具油状光泽。长翅型：3.6~4.8毫米，短翅型：2.6~3.2毫米。前胸背板褐色，翅斑黑褐色。若虫：暗褐色或淡褐色。背有不规则、不明显暗褐色云状纹。卵：长椭圆形，稍弯，形似茄子，前端为单行排列，后端挤成双行，淡黄褐色至锈褐色。

3. 白背飞虱

成虫：雄虫黑褐色，雌虫灰黄色。长翅型：3.8~4.6毫米，短翅型：约3.5毫米。头顶、前胸背板及中胸背板中部为黄白色。若虫：乳白色或暗褐色。背有不规则、不明显暗褐色云状纹。卵：长椭圆形，稍弯，形似香蕉，卵块单行排列，为乳白色至淡黄色。

（三）发生规律

灰飞虱在湖北省1年发生5~6代。世代重叠明显。以若虫在麦田、田埂、沟边杂草根际、落叶下和土缝内越冬。翌年3月中旬开始羽化向麦田转迁，灰飞虱成虫有近距离迁飞现象，但仍以当地虫源为主，长翅型成虫有趋嫩性和趋光性。灰飞虱生长发育最适宜温度为23~25℃，高温对其生长不利，雨量少有利发生。

白背飞虱和褐飞虱在湖北省稻区不能越冬。每年初发虫源均从外地迁入。2种飞虱的长翅型成虫均有趋光性、趋嫩绿性、群集性、隐蔽性、暴发性。白背飞虱多在稻株茎秆和叶片背面活动，而褐飞虱则聚集在稻丛下部离水面3~5厘米处取食。

白背飞虱及褐飞虱喜温湿，最适宜温度22~28℃，相对湿度大于80%，7—8月多雨，有利于成虫迁入、降落和繁殖。孕穗、抽穗期作物的营养最适褐飞虱生长发育。

稻飞虱天敌种类较多，有寄生蜂、捕食性昆虫、蜘蛛、线虫及寄生菌五大类。

（四）防治方法

1. 农业防治

实施连片种植，合理布局，防止稻飞虱迂回转移为害。合理栽培，科学管理肥水，做到排灌自如；合理用肥，防止田间封行过早、稻苗徒长荫蔽，增加田间通风透光度，降低湿度。利用抗虫品种。

2. 保护利用自然天敌

稻飞虱的天敌多，可以发挥天敌的杀虫作用，减轻防治的压力，发挥抑制作用。当蛛虫比达到1∶（8~9）时，可以控制其为害，因此，在选用农药时，要禁止使用对天敌杀伤力大的菊酯类农药；不在天敌活动高峰期使用农药；尽量使用对天敌安全的农药，不使用对天敌影响大的敌敌畏、速灭威、异丙威等中高毒农药等。除减少施药和施用选择性农药以外，还可通过调节非稻田环境提高天敌对稻田害虫的控制作用。

3. 稻田养鸭

根据稻田虫害情况，掌握在稻飞虱、叶蝉若虫盛发期以及螟虫、稻纵卷叶螟成虫始发期至盛发期在稻田放鸭防治，不仅对稻飞虱有显著的控制效果，而且由于鸭子的践踏，稻田中杂草也极少，收到了治虫、除草的双重效应。

4. 物理防治

安装频振式杀虫灯诱杀成虫效果较好，可有效减少下代虫源。使用模拟飞虱鸣声和性诱剂防治稻飞虱有一定的效果，且绿色、安全。

5. 化学防治

（1）防治策略。单季稻为"治3代、压4代、控5代"；连作晚稻为"治4代、压5代"。重点抓好主害代前一代稻飞虱的防治。

（2）防治指标。一查虫龄，定防治适期。稻飞虱防治适期为1~2龄若虫高峰期。二查虫口密度，定防治对象田。主害代前一代防治指标：平均每丛有虫1~2头。主害代的防治指标，5丛的虫量：孕穗期常规稻为50头，杂交稻为75头，齐穗期常规稻为75头，杂交稻为100头。查飞虱时，结合查蜘蛛数量，蛛虱比例，早稻以微蛛为主，比例为1∶（4~5），晚稻以大蜘蛛为主，比例为1∶（8~9）。如蛛少虱多，应立即施药，如蛛多，暂不打药，隔3~5天再查。

（3）药剂使用。在水稻孕穗期或抽穗期，2~3龄若虫高峰期，每亩可选用40%氯噻啉水分散粒剂4~5克，或25%噻嗪酮可湿性粉剂20~30克、20%吡虫·噻嗪酮可湿性粉剂40~50克、50%吡蚜酮水分散粒剂15~20克、50%吡蚜·噻嗪酮水分散粒剂13~20克、10%吡虫啉可湿性粉剂10~20克、15%阿维·噻嗪酮可湿性粉剂30~40克、2%苏云·吡虫啉可湿性粉剂50~100克、30%噻嗪·三唑磷乳油80~120克、1.45%阿维·吡虫啉乳油60~80克，兑水50千克，均匀喷雾。

在水稻孕穗末期或圆秆期，孕穗期或抽穗期，或灌浆乳熟期，每亩可选用100克/升乙虫腈悬浮剂30~40毫升、10%哌虫啶悬浮剂25~35毫升、85%甲萘威可湿性粉剂60~100克、20%仲丁威乳油 150~200 毫升、25% 噻嗪·杀虫单可湿性粉剂 80~100 克、30% 三唑磷·仲丁威乳油 150~200 毫升、20% 吡虫·仲丁威乳油 60~80 毫升、50% 吡虫·杀虫单可湿性粉剂 60~80 克，兑水 50 千克，均匀喷雾，兼治二化螟、三化螟、稻纵卷叶螟等。

施药时一定要保持田间有 3~5 厘米水层，用水量是影响稻飞虱防治的关键因素之一，每亩用水量必须在 50 千克以上，可在早上带露水用药，确保药剂喷洒至稻株基部。水稻后期要严格掌握农药安全间隔期，严禁使用高毒农药，确保安全稻米的生产。注意药剂的轮用，单季水稻使用同一种药剂的次数不超过 2 次。水稻中早期注意避免使用敌敌畏，以免杀伤天敌，不利于稻飞虱的防治。收获前 7 天，停止使用化学农药，以防稻谷农药残留。

五、中华稻蝗

（一）主要症状

中华稻蝗主要为害水稻等禾本科作物及杂草，各稻区均有分布，是水稻上的重要害虫。中华稻蝗成、若虫均能取食水稻叶片，造成缺刻，严重时稻叶被吃光，也可咬断稻穗和乳熟的谷粒，影响产量。

（二）形态识别

1. 成虫

雌虫体长 20~44 毫米，雄虫体长 15~33 毫米；全身黄褐色或黄绿色，头顶两侧在复眼后方各有 1 条暗褐色纵纹，直达前胸背板的后缘。体分头、胸、腹 3 部分。

2. 卵

卵似香蕉形，深黄色，卵成堆，外有卵囊。

3. 若虫

若虫称蝗蝻，体比成虫略小，无翅或仅有翅芽，一般 6 龄。

（三）发生规律

中华稻蝗在北方地区 1 年 1 代，南方地区 1 年发生 2 代。以卵在田边、荒地土中、杂草根际周围越冬。湖北省东南 5 月上旬开始孵化，5 月中旬至 6 月下旬各龄若虫重叠发生，7 月初始见成虫，7 月下旬为产卵盛期，8 月中下旬第 2 代蝗蝻为害双季晚稻。成虫飞翔能力较强，有趋白光、趋嫩绿性。成虫喜选择湿度适中、有一定草丛、土质松软的背风向阳处产卵。

稻蝗发生与稻田生态环境有着密切关系。一般沿湖、沿渠、低洼地区发生重，早稻田重于晚稻田，田埂边重于田中部，免耕少耕地区重。

（四）防治方法

1. 农业防治

稻蝗喜在田埂、地头、沟渠旁产卵，发生重的地区组织人力于冬春铲除田埂草皮，破坏其越冬场所。

2. 生物防治

放鸭啄食及保护和利用青蛙、蟾蜍等天敌，可有效抑制稻蝗发生。

3. 化学防治

利用 3 龄前稻蝗群集在田埂、地边、渠旁取食杂草嫩叶的特点，突击防治。当进入 3~4 龄后常转入大田，当百株有虫 10 头以上时，每亩应及时使用 70%吡虫啉可湿性粉剂 2 克，或 25%噻虫嗪水分散粒剂 4~6 克，或 2.5%溴氰菊酯乳油 20~30 毫升等药剂，兑水 50 千克喷雾，均能取得良好防效。

六、二化螟

（一）主要症状

水稻二化螟是水稻为害最为严重、最为普遍的常发性害虫之一，各稻区均有分布。以幼虫钻蛀植株茎秆，取食叶鞘、茎秆、稻苞等，分蘖期受害，出现枯心苗和枯鞘；孕穗期、抽穗期受害，出现枯孕穗和白穗；灌浆期、乳熟期受害，出现半枯穗和虫伤株，秕粒增多，易倒伏倒折，近年局部地区间歇发生成灾，已成为水稻主要害虫之一。

（二）形态识别

1. 成虫

成虫前翅近长方形，灰黄褐色，翅外缘有7个小黑点。雌蛾体长12~15毫米，腹部纺锤形，背有灰白色鳞毛，末端不生丛毛；雄蛾体长10~12毫米，腹部圆筒形，前翅中央有1个灰黑色斑点，下面还有3个灰黑色斑点。

2. 卵

卵块为扁平椭圆形，几十粒至几百粒呈鱼鳞状排列成块，表层覆盖透明的胶质物，初产时呈乳白色，至孵化呈黑褐色。

3. 幼虫

幼虫一般6龄，老熟时体长20~30毫米。初孵化时淡褐色，头淡黄色；2龄以上幼虫在腹部背面有5条棕色纵线；老熟幼虫呈淡褐色。

4. 蛹

蛹呈圆筒形。初化蛹时，体由乳白色到米黄色，腹部背面尚存5条明显纵纹，以后随着蛹色逐渐变淡，5条纵纹也逐渐隐没。

（三）发生规律

老熟幼虫在稻茬、稻草、茭白、玉米和芦苇等寄主植物上越冬。翌年当气温回升到11℃时开始化蛹，14℃时开始羽化。成虫夜间活动，有较强趋光性，1代卵多产于水稻秧苗叶尖正面，2代多产在近水面叶鞘内侧。幼虫最适发育温度为22~25℃，气温在 24~26℃、相对湿度为 80%~90%，有利卵孵化和幼虫活动。当温度在 30℃ 以上，且干旱少雨，对二化螟发育不利。初孵幼虫聚集为害，后分散。杂交品种和粗秆型品种因茎粗、营养好，幼虫有群集为害现象，1 株内可多达数十头，老熟幼虫在稻株茎基部或叶鞘内侧化蛹。

（四）防治方法

1. 农业防治

合理安排越冬作物，越冬麦类、油菜、绿肥尽量安排在虫源少的地块，减少越冬虫源基数；及时清除田间残留水稻植株根茬，避免造成越冬场所；选用抗虫性突出的优良品种，做好种子处理；冬季烧毁残茬残株，越冬期灌水杀蛹虫。

2. 物理防治

成虫具有趋光性，利用黑光灯、频振式杀虫灯+糖醋液诱杀成虫，减少产卵量，降低发生率。

3. 药物防治

用 20% 三唑磷乳油每亩用 100~200 毫升，兑水 40~60 千克叶面喷施。用 18% 杀虫双水剂每亩用量 250 毫升直接甩施田中，或用 25% 杀虫双水剂每亩 100~200 毫升兑水 50~60 千克喷雾。

七、三化螟

（一）主要症状

三化螟是我国黄淮流域普遍发生的水稻主要害虫之一。常以幼虫钻入稻茎蛀食为害，造成枯心苗。苗期、分蘖期幼虫啃食心叶，心叶受害或失水纵卷，稍褪绿或呈青白色，外形似葱管，称为假枯心，把卷缩的心叶抽出，可见断面整齐，多可见到幼虫，生长点遭到破坏后，假枯心变黄死去成为枯心苗。

（二）形态识别

1. 成虫

翅展 23~28 毫米，淡黄色，前翅为三角形。雌蛾前翅黄白色，中央有 1 个黑点，腹部末端在产卵前有 1 丛明显的黄褐色绒毛。雄蛾体较小，前翅淡灰褐色，翅顶有 1 条黑色斜带纹，中央有 1 个小黑点，沿外缘有 7 个小黑点。

2. 卵

椭圆形，表面盖有黄褐色绒毛，像半粒发霉的黄豆。

3. 幼虫

乳白色或淡黄绿色，背面有 1 条透明的纵线。

4. 蛹

圆筒形，雌蛹的触角末端在前足末端之前，中足不伸出翅芽，后足伸出翅芽的长度不到腹部长度的一半。雄蛹的触角末端在前足末端之后，中足稍伸出翅芽，后足伸出翅芽很长，直到腹部末端附近。

（三）发生规律

成虫夜间活动，气温达 20℃ 以上、风小而无月的夜晚，趋光性强。雌蛾喜在生长嫩绿的稻株上产卵，卵产在叶片的中上部。初孵出的蚁螟在稻株上爬行，吐丝下垂，随风飘到邻近的稻株上。幼虫在稻茎内为害，老熟后向下钻到稻株基部，在近地面 1~2 厘米的稻茎内化蛹。

（四）防治方法

1. 农业防治

适当调整水稻布局，避免混栽；选用抗虫性突出的优良品种，做好种子处理。

2. 物理防治

利用黑光灯、频振式杀虫灯+糖醋液诱杀成虫，减少产卵量，降低发生率。

3. 药物防治

在幼虫孵化始盛期，可用 40% 乙酰甲胺磷乳油 100~150 毫升/亩，兑水 50~60 千克均匀喷雾。在水稻抽穗期，2~3 龄幼虫期，可用 30% 唑磷·毒死蜱乳油 40~60 毫升/亩、30% 辛硫·三唑磷乳油 80~100 毫升/亩、40% 丙溴·辛硫磷乳油 100~120 毫升/亩、20% 毒·辛乳油 100~150 毫升/亩、20% 三唑磷乳油 100~150 毫升/亩，分别兑水 50~60 千克均匀喷雾，一般间隔 7~10 天再次交替喷药，防效更佳。

八、大螟

（一）主要症状

大螟别名稻蛀茎夜蛾、紫螟。该虫原仅在稻田周边零星发生，随着耕作制度的变化，尤其是推广杂交稻以后，发生程度显著上升，近年来在我国部分地区更有超过三化螟的趋势，成为水稻常发性害虫之一。大螟为害状与二化螟相似，以幼虫蛀入稻茎为害，可造成枯鞘、枯心苗、枯孕穗、白穗及虫伤株。大螟为害的蛀孔较大，虫粪多，有大量虫粪排出茎外，受害稻茎的叶片、叶鞘部都变为黄色，有别于二化螟。大螟造成的枯心苗田边较多，田中间较少，有别于二化螟、三化螟为害造成的枯心苗。

（二）形态识别

1. 成虫

雌蛾体长约 15 毫米，翅展约 30 毫米，头部、胸部浅黄褐色，腹部浅黄色至灰白色；触角丝状，前翅近长方形，浅灰褐色，中间具 4 个小黑点且排成四边形。雄蛾体长约 12 毫米，翅展约 27 毫米，触角栉齿状。

2. 卵

卵扁圆形，初白色后变灰黄色，表面具细纵纹和横线，聚生或散生，常排成 2~3 行。

3. 幼虫

幼虫共 5~7 龄，3 龄前幼虫鲜黄色；末龄幼虫体长约 30 毫米，老熟时头红褐色，体背面紫红色。

4. 蛹

蛹长 13~18 毫米，粗壮，红褐色，腹部具灰白色粉状物，臀棘有 3 根钩棘。

（三）发生规律

一年发生 4 代左右，以幼虫在稻茬、杂草根间、玉米、高粱及茭白等残体内越冬。翌春老熟幼虫在气温高于 10℃ 时开始化蛹，15℃ 时羽化，越冬代成虫把卵产在春玉米或田边看麦娘等杂草叶鞘内侧，幼虫孵化后再转移到邻近边行水稻上蛀入叶鞘内取食，蛀入处可见红褐色锈斑块。3 龄前常十几头群集在一起，把叶鞘内层吃光，后钻进心部造成枯心。3 龄后分散，为害田边 2~3 墩稻苗，蛀孔距水面 10~30 厘米，老熟时在叶鞘处化蛹。成虫趋光性不强，飞翔力弱，常栖息在株间。每只雌虫可产卵 240 粒，卵历期 1 代为 12 天，2 代、3 代为 5~6 天；幼虫期 1 代约 30 天，2 代 28 天，3 代 32 天；蛹期 10~15 天。一般田边比田中产卵多，为害重。稻田附近种植玉米、茭白等的地区大螟为害比较严重。

（四）防治方法

1. 农业防治

冬春期间铲除田边杂草，消灭其中越冬幼虫和蛹；早稻收割后及时翻耕沤田；早玉米收获后及时清除遗株，消灭其中幼虫和蛹；有茭白的地区，应在早春前齐泥割去残株。

2. 化学防治

根据"狠治一代，重点防治稻田边行"的防治策略，当枯鞘率达 5%，或始见枯心苗为害状时，在幼虫 1~2 龄阶段，及时喷药防治。可亩用 18% 杀虫双水剂 250 毫升，或 95% 杀螟丹可溶粉剂 150~200 克等药剂，兑水 50 千克喷雾。

九、稻象甲

（一）主要症状

稻象甲别名稻象。分布在我国北起黑龙江，南至广东、海南，西抵陕西、甘肃、四川和云南，东达沿海各地和台湾的广大区域。寄主为稻、瓜类、番茄、大豆、棉花，成虫偶食麦类、玉米和油菜等。成虫以管状喙咬食秧苗茎叶，被害心叶抽出后，为害较轻的呈现一横排小孔，为害较重的秧叶折断，漂浮于水面。幼虫食害稻株幼嫩须根，致叶尖发黄，生长不良。严重时不能抽穗，或造成秕谷，甚至成片枯死。

（二）形态识别

1. 成虫

成虫体长约 5 毫米，体灰黑色，密被灰黄色细鳞毛，头部延伸成稍向下弯的喙管，口器着生在喙管的末端，触角端部稍膨大，黑褐色。鞘翅上各具 10 条细纵沟，内侧 3 条色稍深，且在 2~3 条细纵沟之间的后方，具 1 块长方形白色小斑。

2. 卵

卵椭圆形，长 0.6~0.9 毫米，初产时乳白色，后变为淡黄色半透明而有光泽。

3. 幼虫

末龄幼虫体长 9 毫米左右，头褐色，体乳白色，肥壮多皱纹，弯向腹面，无足。

4. 蛹

蛹长约 5 毫米，腹面多细皱纹，末节具 1 对肉刺，初白色，后变灰色。

（三）发生规律

浙江 1 年发生 1 代；江西、贵州等地部分 1 年发生 1 代，多为 2 代；广东 1 年发生 2 代。1 代区以成虫越冬，1 代、2 代交叉区和 2 代区也以成虫为主，幼虫也能越冬，个别以蛹越冬。幼虫、蛹多在土表 3~6 厘米深处的根际越冬，成虫常蛰伏在田埂、地边杂草落叶下越冬。江苏南部地区越冬成虫于翌年 5—6 月产卵，10 月间羽化。江西越冬成虫则于翌年 5 月上中旬产卵，5 月下旬第 1 代幼虫孵化，7 月中旬至 8 月中下旬羽化。第 2 代幼虫于 7 月底至 8 月上中旬孵化，部分于 10 月化蛹或羽化后越冬。一般在早稻返青期为害最重。第 1 代约 2 个月，第 2 代长达 8 个月，卵期 5~6 天，第 1 代幼虫 60~70 天，越冬代的幼虫期则长达 6~7 个月。第 1 代蛹期 6~10 天，成虫早晚活动，白天躲在秧田或稻丛基部株间或田埂的草丛中，有假死性和趋光性。产卵前先在离水面 3 厘米左右的稻茎或叶鞘上咬 1 个小孔，每孔产卵 13~20 粒；幼虫喜聚集在土下，食害幼嫩稻根，老熟后在稻根附近土下 3~7 厘米处筑土室化蛹。通气性好，含水量较低的砂壤田、干燥田、旱秧田易受害。春暖多雨，利其化蛹和羽化，早稻分蘖期多雨利于成虫产卵。

年发生 1~2 代的地区，一般在单季稻区发生 1 代，双季稻或单、双季混栽区发生 2 代。以成虫在稻茬周围、土隙中越冬为主，也有在田埂、沟边草丛松土中越冬，少数以幼虫或蛹在稻茬附近土下 3~6 厘米深处做土室越冬。成虫有趋光性和假死性，善游水，好攀登。卵产于稻株近水面 3 厘米处，成虫在稻株上咬 1 个小孔产卵，每处 3~20 粒不等。幼虫孵出后，在叶鞘内短暂停留取食后，沿稻茎钻入土中，一般都群聚在土下深 2~3 厘米处，取食水稻的幼嫩须根和腐殖质，一丛稻根处多的有虫几十条发生为害。其数量丘陵、半山区比平原多，通气性好、含水量较低的砂壤田、干燥田、旱秧田易受害。春暖多雨，利其化蛹和羽化，早稻分蘖期多雨利于成虫产卵。

（四）防治方法

1. 农业防治

注意铲除田边、沟边杂草，春耕沤田时多耕多耙，使土中蛰伏的成虫、幼虫浮到水面上，之后捞起深埋或烧毁；结合耕田，排干田水，然后撒石灰或茶籽饼粉 40~50 千克，可杀死大量虫口。

2. 物理防治

利用成虫喜食甜食的习性，用糖醋稻草把、南瓜片、山芋片等诱捕成虫，还可以在成虫盛发期，用黑光灯诱杀，效果较好。

3. 化学防治

在稻象甲为害严重的地区，已见稻叶受害时，可用 20% 三唑磷乳油 1 000 倍液喷雾，效果较好，也可使用 90% 敌百虫原药 600 倍液喷雾。

十、稻纵卷叶螟

（一）主要症状

稻纵卷叶螟是水稻田常见的广谱性害虫之一，我国各稻区均有发生。以幼虫缀丝纵卷水稻叶片成虫苞，叶肉被螟虫食后形成白色条斑，严重时连片造成白叶，幼虫稍大便可在水稻心叶吐丝，把叶片两边卷成为管状虫苞，虫子躲在苞内取食叶肉和上表皮，抽穗后，至较嫩的叶鞘内为害。不同品种间受害程度差异显著。

（二）形态识别

1. 成虫

成虫体长约为 1 厘米，体黄褐色。前翅有两条褐色横线，两线间有 1 条短线，外缘有 1 条暗褐色宽带。

2. 幼虫

幼虫通常有 5 个龄期。一般稻田间出现大量蛾子后约 1 周，便出现幼虫，刚孵化出的幼虫很小，肉眼不易看见。低龄幼虫体淡黄绿色，高龄幼虫体深绿色至橘红色。

3. 卵

卵一般单产于叶片背面，粒小。

4. 蛹

蛹体长 7~10 毫米，圆筒形，初淡黄色，渐变为黄褐色，后转为红棕色，外常包有白色薄茧。

（三）发生规律

稻纵卷叶螟是一种远距离迁飞性害虫，在北纬 30°以北稻区不能越冬，故河南省稻区初次虫源均自南方稻区迁来。1 年发生的世代数随纬度和海拔高度形成的温度而异，河南省稻区一般1 年发生 4 代，常年 6 月上旬至 7 月中旬从南方稻区迁来，7 月上旬至 8 月上旬为主害期。该成虫有趋光性，栖息趋隐蔽性和产卵趋嫩性，且能长距离迁飞。成虫羽化后 2 天常选择在生长茂密的稻田产卵，产卵位置因水稻生育期而异，卵多产在叶片中脉附近。适温高湿产卵量大，一般每雌产卵 40~70 粒，最多 150 粒以上；卵多单产，也有 2~5 粒产于一处。气温 22~28℃、相对湿度 80%以上，卵孵化率可达 80%以上。1 龄幼虫在分蘖期爬入心叶或嫩叶鞘内侧啃食，在孕穗抽穗期，则爬至老虫苞或嫩叶鞘内侧啃食。2 龄幼虫可将叶尖卷成小虫苞，然后吐丝纵卷稻叶形成新的虫苞，幼虫潜藏虫苞内啃食。幼虫蜕皮前，常转移至新叶重新做苞。4~5龄幼虫食量占总取食量95%左右，为害最大。老熟幼虫在稻丛基部的黄叶或无效分蘖的嫩叶苞中化蛹，有的在稻丛间，少数在老虫苞中。

该虫喜欢生长嫩绿、湿度大的稻田。适温高湿情况下，有利于成虫产卵、孵化和幼虫成活，因此，多雨日及多露水的高湿天气有利于稻纵卷叶螟发生。多施氮肥、迟施氮肥的稻田发生量大，为害重。水稻叶片窄、生长挺立（田间通风透光好）、叶面多毛的品种不利于稻纵卷叶螟发生；水稻叶片宽、生长披垂（田间通风透光差）、叶面少毛的品种有利于稻纵卷叶螟发生。若遇冬季气温偏高，其越冬地界北移，翌年发生早；夏季多台风，则随气流迁飞机会增多，发生会加重。

（四）防治方法

1. 农业防治

尽量采用抗虫水稻品种。合理施肥，防止偏施或迟施氮肥。科学管水，适当调节晒田时期，降低幼虫孵化期的田间湿度，或在化蛹高峰期灌深水2~3天。消灭越冬虫源。在冬季和早春结合积肥、治螟，清除田块内的稻桩以及田边的杂草，沤制堆肥，以消灭越冬虫源。

2. 物理防治

安装频振式杀虫灯诱杀成虫效果较好，可有效减少下代虫源。使用性诱剂防治稻纵卷叶螟有一定的效果，且绿色、安全。

3. 生物防治

利用生物农药或天敌资源（昆虫和病原菌）进行防治。使用苏云金杆菌等生物农药，一般每亩用含活孢子量100亿/克的菌粉150~200克兑水4~5升喷雾，加入药液量0.1%的洗衣粉作湿润剂可提高生物防治效果。人工释放赤眼蜂，在稻纵卷叶螟产卵始盛期至高峰期，分期分批放蜂，放蜂量根据稻纵卷叶螟的卵量而定，每丛有卵 5 粒以下，每次每亩放 1 万头左右；每丛有卵 10 粒左右，每次每亩放 3 万~5 万头，隔 2~3 天 1 次，连续放蜂 3~5 次。

4. 药剂防治

在水稻孕穗期或幼虫孵化高峰期至低龄幼虫期是防治关键时期，每百丛水稻有初卷小虫苞 15~20 个，或穗期每百丛有虫 20 头时施药。每亩用 15% 三唑酮可湿性粉剂 800~1 000 倍液 + 90% 敌百虫原药 1 000~1 500 倍液喷雾，按 50~60 千克常规喷雾或超低量喷雾，可有效防治稻纵卷叶螟、稻苞虫，还可兼治稻纹枯病、稻曲病、稻粒黑粉病等多种穗期病害。应掌握在幼虫 2 龄期前防治效果最好。一般用 200 克/升氯虫苯甲酰胺悬浮剂 10 毫升/亩、20% 氯虫·噻虫嗪悬浮剂 8~10 克/亩、3% 阿维·氟铃脲可湿性粉剂 50~60 克/亩、10% 甲维·三唑磷微乳剂 100~120 毫升/亩、2% 阿维菌素乳油 25~50 毫升/亩。或用 25% 杀虫双水剂 150~200 毫升/亩，兑水 50~60 千克常规喷雾，或兑水 5~7.5 千克低量喷雾。

十一、稻绿蝽

稻绿蝽属半翅目蝽科。主要为害水稻、番茄、马铃薯、白菜、甘蓝、豆类蔬菜作物。

（一）主要症状

主要以若虫和成虫为害，刺吸烟株顶部嫩叶、嫩茎，造成叶片出现水渍状萎蔫，继而干枯，为害严重时可导致上部叶片或烟株顶梢萎蔫。

（二）形态识别

成虫：分为全绿型、点绿型、黄肩型和综合型 4 种。全绿型为代表型，体、足全鲜绿色，触角第三节末及第四、第五节端半部黑色，其余青绿色，小盾片末端狭圆，基缘有 3 个小白点，两侧外各有 1 个小黑点。卵：圆桶形，初产黄白色，后转红褐色，顶端有盖，周缘白色。若虫：共 5 龄，4 龄若虫头部有倒"T"形黑斑，翅芽明显，5 龄若虫出现单眼，翅芽伸达第三腹节，前胸与翅芽散生黑色斑点。

（三）发生规律

稻绿蝽寄主较多，多种作物混栽时，发生量大。每年发生 1~4 代。以成虫在杂草、土缝、灌木丛中越冬。成虫具有趋光性、趋绿性和假死性。卵呈块状规则排列。若虫具有假死性，低龄若虫有群集性。

（四）防治方法

1. 农业防治

稻绿蝽发生严重的地区，冬春季节结合积肥清除田边附近杂草，减少虫源数量。适当调节播种期或选用适宜生育期品种，尽量使水稻穗期避开稻绿蝽发生高峰期。抽穗前放鸭食虫。

2. 化学防治

虫量较大时，可选用 10%吡虫啉可湿性粉剂 1 500 倍液，或 90%敌百虫原药 600~800 倍液、80%敌敌畏乳油 1 500~2 000 倍液、45%马拉硫磷乳油 1 000 倍液、2.5%高效氯氟氰菊酯乳油 2 000~5 000 倍液、2.5%溴氰菊酯乳油 2 000 倍液等喷雾，每亩喷药量 50~60 千克。施药时一定要保证田中有 3~5 厘米水层 3~5 天。

十二、稻黑蝽

稻黑蝽属半翅目蝽科，俗称黑乌龟、黑壳虫等，为害水稻、小麦、玉米、甘蔗、豆类、谷子、茭白等。

（一）主要症状

以成虫、若虫刺吸稻茎、叶和穗部汁液。稻苗被害，形成黄

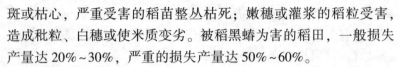
斑或枯心，严重受害的稻苗整丛枯死；嫩穗或灌浆的稻粒受害，造成秕粒、白穗或使米质变劣。被稻黑蝽为害的稻田，一般损失产量达 20%~30%，严重的损失产量达 50%~60%。

（二）形态识别

成虫：体长 8.5~10 毫米，宽 4.5~5 毫米，长椭圆形，黑褐色至黑色，头中叶与侧叶长相等，复眼突出，喙长达后足基节间。前胸背板前角刺向侧方平伸。小盾片舌形，末端稍内凹或平截，长几达腹部末端，两侧缘在中部稍前处内弯。卵：近短桶形，红褐色，大小 0.9 毫米×0.8 毫米，假卵块圆突，四周有小齿状的呼吸精孔突 40~50 枚；卵壳网状纹上具小刻点，被有白粉。若虫：1 龄若虫头胸褐色，腹部黄褐色或紫红色，节缝红色，腹背具红褐斑，体长约 1.3 毫米；3 龄若虫暗褐色至灰褐色，腹部散生红褐色小点，前翅芽稍露，体长约 3.3 毫米；5 龄若虫头部、胸部浅黑色，腹部稍带绿色，后翅芽明显，体长 7.5~8.5 毫米。

（三）发生规律

淮河以南的稻区均有分布，其中长江以南的稻区分布密度较大。每年发生 1~2 代，主要以成虫在背风向阳的山坡、田埂杂草的根际、土缝、石下、落叶间、树皮下等处越冬。抽穗早、田畔杂草丛生的稻田，发生量一般较大。

（四）防治方法

1. 农业防治

冬春结合积肥，铲除田边、沟边、埂边、堤坡、山坡等处杂草，用作燃料，或作沤肥使用。清洁田园，铲锄禾蔸，冬耕春耙消灭越冬虫源。恶化越冬场所。对山岗、坡地的果树和林木，冬前应用石灰水涂白，以恶化稻黑蝽等害虫越冬的生存场所。在稻黑蝽产卵盛期，每隔 4 天灌深水 1 次，共灌 2~3 次，以达到闷死蟓卵之目的。

2. 生物防治

趁清晨、傍晚和阴天在稻田四周人工捕杀稻黑蟓成虫、高龄若虫及其他害虫。

3. 化学防治

当百株有卵 1~2 块或百株有卵 10~20 粒，或百株有低龄若虫 5~10 头的田块，均应列为防治对象田。药剂防治适期应在 1~3 龄若虫期。每隔 7~10 天用药 1 次，并应交替选用农药种类。可喷洒 90% 敌百虫原药 1 000 倍液，或 10% 吡虫啉可湿性粉剂 1 500 倍液。

十三、稻眼蝶

稻眼蝶属鳞翅目眼蝶科，又称黄褐蛇目蝶、日月蝶、蛇目蝶、短角眼蝶。

（一）主要症状

以幼虫啃食稻叶，为害严重时整丛叶片均被吃光，剩下主脉，以致严重影响水稻正常生长发育，造成减产。

（二）形态识别

稻眼蝶成虫体褐色，翅面暗褐色，前翅有 1 大 1 小的椭圆形白心黑斑，黑斑四周并有橘红色晕圈；后翅有 2 组近圆形白心黑斑。卵球形，淡黄色，表面有微细网纹。末龄幼虫体草绿色，近纺锤形，头部有 1 对长角状突起，形似龙头，腹部末端有 1 对后伸的尾角。蛹初绿色，后渐变灰绿色至褐色，腹部背面弓起，似驼背。

（三）发生规律

一年发生 4~6 代，以蛹和幼虫在稻田、河边杂草上越冬。成虫于上午羽化，不很活泼，畏强光，白天多隐蔽在稻丛、竹林、树阴等荫蔽处，早晨、傍晚外出活动，交尾也多在此时进行。卵散产，多产于稻叶上。老熟后即吐丝将尾部固定于叶上，然后卷曲体躯，倒悬脱皮化蛹。一般山林、竹园、房屋边的稻田受害较重。

（四）防治方法

1. 农业防治

结合冬春积肥，及时铲除田边、沟边、塘边杂草，能有效地压低越冬幼虫或蛹的数量。利用幼虫假死性，震落后捕杀或放鸭啄食。

2. 药剂防治

在防治稻纵卷叶螟或稻弄蝶时可兼治稻眼碟。必要时掌握在 2 龄幼虫为害高峰期前单独防治。可喷洒 50% 杀螟松乳油 600 倍液，或 90% 敌百虫原药 600 倍液，或 10% 吡虫啉可湿性粉剂 2 500 倍液。或渗透性好、有内吸传导及熏蒸作用的阿维菌素等药剂。

第四节 稻田常见杂草及防控技术

一、稻田中常见杂草

稻田杂草分为 3 类。

（一）禾本科杂草

单子叶草本植物，叶片狭长、叶脉平行、无叶柄，叶鞘包裹茎秆，常有叶舌、叶耳，节间中空，茎切面为圆形。代表杂草有稗草、千金子、马唐、牛筋草、稻李氏禾等。

（二）莎草科杂草

单子叶草本植物，大多为多年生，主要以根茎繁殖，叶片呈条状、叶脉平行、没有叶柄，茎秆大多是三棱形、实心，切面为三角形。代表杂草有牛毛毡、碎米莎草、异性莎草、香附子等。

（三）阔叶杂草

双子叶杂草，叶片较宽，叶形为圆形、心形等不规则非条形，叶脉复杂网状，有叶柄，茎秆有圆有方，实心，节间不明显。代表杂草有水花生、鸭舌草、一年蓬等。

二、水稻田杂草防控技术

杂草防控要立足早期治理、综合防控，根据水稻种植模式、杂草种类与分布特点，开展分类指导。

（一）非化学控草技术

1. 种子精选

通过对稻种调进、调出检疫，检查稻种中是否夹带稗草等杂草种子，经过筛、风扬、水选等措施，汰除杂草种子，减少杂草的远距离传播与为害。

2. 农业措施

通过深翻平整地、水层管理、肥水壮苗、水旱轮作、轮作换茬等措施，保持有利于水稻良好生长的生态条件，促进水稻生长，提高水稻对杂草的竞争力。在水稻生长中后期，可人工拔除杂草，避免新一代杂草种子侵染田间。

3. 物理措施

水源及茬口条件容许的地方，可采取在灌水口安置尼龙纱网拦截杂草种子，田间灌水 10~15 厘米捞取水面漂浮的杂草种子，以及清除田埂周围的杂草等措施，努力减小土壤杂草种子库数量，降低农田杂草的发生量。

4. 生物措施

在水稻抽穗前，通过人工放鸭、养鱼来取食株、行间杂草幼芽等措施，减少杂草的发生基数。

（二）化学除草技术

稻田杂草因地域、种植方式的不同，采用的化学除草策略和除草剂品种有一定差异。

1. 机插秧田

在东北稻区灌溉水充足的稻田，插秧前和插秧后各采用土壤封闭处理1次，插后20天视草情茎叶喷雾处理1次；在灌溉水紧缺的稻田，杂草防控采用"一封一杀"策略，插后土壤封闭处理1次，插后20天茎叶喷雾处理1次。插前3~7天选用噁草酮、丁草胺、丙草胺、莎稗磷、吡嘧磺隆及其混剂土壤封闭处理；插后10~12天（返青后）选用丁草胺、丙草胺、苯噻酰草胺、莎稗磷、丙嗪嘧磺隆、吡嘧磺隆、苄嘧磺隆及其混剂土壤封闭处理；插后20天左右可选用五氟磺草胺、氰氟草酯、二氯喹啉酸、噁唑酰草胺、氯氟吡啶酯、灭草松及其混剂进行茎叶喷雾处理。在长江流域及其他稻区机插秧田，杂草防控采用"一封一杀"策略，在插前1~2天或插后5~7天选用丙草胺、苯噻酰草胺+苄嘧磺隆等药剂土壤封闭处理；插后15~20天选用二氯喹啉酸、五氟磺草胺、氰氟草酯、噁唑酰草胺、吡嘧磺隆、灭草松及其混剂进行茎叶喷雾处理。

2. 旱直播稻田

在长江流域稻区，播后苗前选用丁草胺、噁草酮、二甲戊灵、丙草胺及其混剂土壤封闭处理，播后15~20天选用五氟磺草胺、二氯喹啉酸、氰氟草酯、氯氟吡啶酯及其混剂进行茎叶喷雾处理。根据田间残留草情，选用氰氟草酯、五氟磺草胺、二氯喹啉酸、噁唑酰草胺及其复配剂进行补施处理。以旱直播为主的西北稻区，播种时用仲丁灵封闭，在水稻2~3叶期选用五氟磺草胺、氰氟草酯、噁唑酰草胺及其混剂进行茎叶喷雾处理。

3. 水直播稻田

在长江流域及华南稻区，杂草防控采用"一封二杀"策略。

播后苗前选用丙草胺（含安全剂）、苄嘧磺隆及其混剂进行土壤封闭处理；水稻3~4叶期选用五氟磺草胺、氰氟草酯、噁唑酰草胺、二氯喹啉酸、双草醚、二甲四氯、灭草松及其混剂进行茎叶喷雾处理。西北稻区，在水稻2~3叶期选用五氟磺草胺、氰氟草酯、噁唑酰草胺及其混剂进行茎叶喷雾处理，上水后结合施肥撒施苯噻酰草胺、丙草胺、吡嘧磺隆、苄嘧磺隆及其混剂防除杂草。

4. 人工移栽及抛秧稻田

在秧苗返青后，杂草1叶前选用丙草胺、苯噻酰草胺、丁草胺、苄嘧磺隆、吡嘧磺隆、丙嗪嘧磺隆、嗪吡嘧磺隆、嘧苯胺磺隆、氟吡磺隆及其混剂进行土壤封闭处理；或在杂草2~3叶期，选用五氟磺草胺、氰氟草酯、二氯喹啉酸及其混剂进行茎叶喷雾处理。

第十一章 水稻防灾减灾技术

第一节 水稻干旱灾害

由于生态环境不断遭到破坏，水资源日趋匮乏，干旱已成为制约粮食作物种植面积和丰产稳产的主要自然因素。其中最为频繁的是夏秋旱，影响早稻灌浆和晚稻生长。

一、干旱对水稻产生的危害

开始受旱时水稻叶片白天萎蔫，但夜间可恢复。继续缺水则出现永久萎蔫，直至逐步枯死。苗期受旱，则生育期延长，抽穗延迟且不整齐，最多可延长 14~18 天。植株矮小分蘖少，发生不正常的地上分枝。孕穗到抽穗期受旱，将导致抽穗不齐、授粉不良、秕谷大增。水稻干旱的土壤水分指标是小于田间持水量的60%，生育期将受明显影响。如降到40%以下，叶片气孔停止吐水，产量将剧减。

二、水稻干旱的预防

（一）避旱栽培

挖掘水源扩大灌溉面积。选用抗旱品种，一般陆稻比水稻耐旱，大穗少蘖型品种比小穗多蘖型品种耐旱，受旱后恢复力强。抗旱力强的品种具有根系发达、分布深广、茎基部组织发达、叶面茸毛多、气孔小而密、叶片细胞液浓度高及渗透压高等特征。水稻杂交育成的品种和籼、粳稻杂交育成的品种有良好的抗旱性。杂交中籼组合中的籼优系列比协优系列组合耐旱。

采用集中旱育秧的方法。旱育秧苗发根多、抗旱能力强，插秧后返青成活快。适当稀播扩大单株营养面积有利于壮秧。分期播种和插秧可避开用水高峰。水源不足可实行旱直播，插秧时若大田缺水可采取暂时寄秧的方法补救。可采取适期早播、分段育秧、合理肥水管理的方式，使抽穗期赶在伏旱高温到来之前。

（二）大田干旱要实行节水灌溉

重点确保返青和孕穗等关键期的水分供应。在早稻生长期间，充分利用自然降雨，采用深蓄水、浅灌水的灌溉方法（即苗期大田蓄水 10 厘米，中后期蓄水 15 厘米，田面不开毛坼不灌水，每次灌水深度不超过 3 厘米），力争早稻不用或少用水库蓄水资源。在早稻成熟期和收割时，不排水不晒田，晚稻采用免耕插秧的方式，间歇湿润灌溉。在不影响水稻产量的前提下，尽量减少灌溉用水量，增强蓄水资源抗大旱的能力。

（三）保水技术

利用有利地形修筑塘坝和水库，扩大蓄水能力，保证旱季稻田灌溉用水，或建设引水工程，引附近湖泊、江河水进行灌溉。中耕除草有利于根系发育，并减少杂草对水分的消耗。增施有机肥和磷、钾肥，提高土壤和植株保水能力。稻草还田覆盖，减少水分蒸发。对于水分极其缺乏的地区，可使用高分子保水剂（如以淀粉、丙烯腈为原料制成的高分子吸水树脂）提高土壤保水能力。平整土地，改良土壤，是增强稻田保水力的重要措施。平坦的稻田可以减少每次供水量，使全田稻株吸肥、吸水均匀，泥、水升温一致，促进水稻群体平衡生长，发育健壮，增强植株抗逆性。对于砂性土和盐碱土，可大量施用有机肥料改良土壤，减少稻田渗漏量，提高保水能力，避免或减轻水稻旱害。

（四）合理布局

当初夏雨水充足时，扩大水稻种植面积，春旱连初夏的年份，则改水为旱，合理布局作物。按照水源供水状况，合理搭配早、中、晚熟水稻品种。在干旱地区，可根据当地雨季到来迟早，进行分期播种，分期育秧和移栽，保证有水栽秧。易旱地区，也可采用旱直播的办法，在苗期实行旱生旱长。

三、水稻干旱的补救措施

在旱情开始前，喷施 0.2%~0.5% 磷酸二氢钾，提高植株持水能力；当土壤中有效水含量减少，植株开始出现暂时卷叶时，喷施抗蒸腾剂（如以黄腐酸为主要成分的旱地龙），减少水分丧失，提高耐旱能力。当久旱使上部叶片枯死时，则割去叶片并覆盖稻蔸，旱情解除后，稻蔸茎秆如果仍为绿色，则增加一次追肥，促进腋芽生长和再生稻的形成。干旱严重导致失收的，可改种玉米、甘薯等。

第二节　水稻洪涝灾害

一、洪涝灾害对水稻生产的危害

暴雨洪涝灾害一般发生在 5—7 月。洪水对稻株危害的程度因淹没时间长短和水稻生育时段不同而异。

一是轻度受损，淹水 1 天以内或稻株生育期处在分蘖期、幼穗形成初期和已开始灌浆结实期。

二是重度受损，水稻遭受洪水淹没 1 天以上或正值孕穗期淹没 10 小时以上，严重影响水稻分蘖或稻株生育异常，不能正常扬花结实，导致水稻减产幅度大。

三是严重毁损，稻田遭受洪水冲毁或因洪水淹没时间长，造成水稻严重倒伏，根系腐烂发臭，稻株枯黄死亡，处于孕穗期的稻株腋芽不能萌发伸长，表明水稻严重受损，基本绝收。

二、水稻洪涝灾害的预防

在6—7月，地势低洼或排水不畅的区域种植水稻易导致洪涝灾害，分蘖期淹水2~3天，出水后尚能逐渐恢复生长，淹水4~5天，地上部分全部干枯，但分蘖芽和茎生长点尚未死亡，故出水后尚能发生新叶和分蘖，淹水时间越长，生长越慢，稻株表现为脚叶坏死，呈黄褐色或暗绿色，心叶略有弯曲，水退后叶片有不同程度的干枯。要提前做好预防措施。

（一）加强农田水利建设

对于低洼、渠、沟、河套地，要经常疏通内外河道，保持排灌系统运行正常，雨季适当增加装机容量，提高排灌能力，预降沟河水位，扩大调蓄能力。

（二）合理安排栽培季节，避开洪涝灾害

易发生春涝的地区以种植中稻加再生稻或一季晚稻为主；易发生夏涝的地区可种植特早熟早稻，在洪水到来之前收割。易发生秋涝的地区以种植早稻和中稻为宜。

（三）种植耐涝品种

利用不同品种水稻耐涝能力的差异，在洪涝易发、多发地区种植耐涝品种。通常根系发达、茎秆强韧、株形紧凑的品种耐涝性强，涝后恢复生长快，再生能力强。一般籼稻抗涝性强，糯稻次之，粳稻最不抗涝。在相同淹涝胁迫下，耐涝能力强的品种可少减产20%~30%。但在生产上还要兼顾丰产性。

三、水稻洪涝灾害的补救措施

(一) 轻度受损田块田间管理

1. 及时清沟排涝

被淹田块要及时开沟、挖田缺排除洪水、淤泥，使处于分蘖期的田块保持浅水促分蘖，处于分蘖中后期的田块排干田水促根系生长，保证水稻正常生长。

2. 洗叶扶苗

水稻受灾后极易发生细菌性病害。洪水退后及时泼水洗叶扶苗，以恢复稻叶光合作用，可用农用链霉素 500~600 倍液喷雾防治。同时要抓好水稻中后期病虫害防治。

3. 根外追肥

洪涝灾害容易引起土壤养分严重流失，导致营养不足，影响水稻生长发育。可在受灾后叶面喷施 1% 尿素和 0.5% 磷酸二氢钾，增加水稻营养，增加植株抗逆性，促进分蘖多发和穗大多粒，减少灾害损失。

(二) 重度受损田块田间管理

水稻遭受洪涝灾害后，地上部分严重受害，不能正常抽穗扬花，茎端稻穗严重受损，应割苗蓄留洪水再生稻。

1. 看芽定割苗时间

受淹 1 天左右的田块，退水后须 1 周左右割苗，受淹 2 天以上的须 3~5 天割苗。

2. 根据中稻生育进程定留桩高度

割苗蓄留洪水再生稻的留桩高度为 17~23 厘米，生育期偏迟的留桩高度应低些，生育期偏早的应留高些。

3. 及时追肥

追肥要在割苗当天或割苗后 1~2 天内进行。

4. 田间管理

割苗后田间应保持浅水层，临近再生稻抽穗期时，要适当灌深水，以防高温危害。

5. 病虫害防治

洪水再生稻生长期间，重点防治三代螟虫、稻苞虫、纹枯病、细菌性褐条病和白叶枯病等。

（三）严重毁损田块及时改种

对于遭受严重毁损已无法挽救或受灾较重、短期内无法恢复的田块，应及早对田块进行清理，及时改补种其他粮经作物，最大限度降低灾害影响，避免耕地撂荒。

第三节　水稻倒伏灾害

一、倒伏产生的原因

随着种植密度、施肥水平的提高和病虫为害的加重以及不良气象条件频繁出现等，在水稻生产过程中经常会出现倒伏现象。倒伏多发生在水稻生长后期，尤其是乳熟至成熟期，这时正值水稻籽粒灌浆期，穗头较重，如遇易造成倒伏的内、外在条件，极易出现倒伏现象。倒伏越早，对产量的影响越大。据测算，水稻乳熟期倒伏可减产30%，蜡熟期与黄熟期倒伏可减产20%。造成倒伏的原因有品种自身原因，栽培技术不到位，干旱、洪涝、台风等自然灾害，以及病虫害破坏水稻根系等。要提前做好预防。

二、倒伏的预防措施

水稻倒伏是多种因素造成的，应采取综合性措施防治。

（一）选用抗倒伏品种

因地制宜选用适合当地的2~3个抗倒伏品种。一般株高较矮、茎秆较粗、抗倒伏能力较强的品种比较合适。

（二）加强管理

培育壮苗，优化群体，科学灌溉，使水稻的生长更加健康，增强其对自然灾害的抵抗能力。

（三）合理用肥

后期氮肥用量过多会出现稻株的贪青，营养器官继续生长，极易出现倒伏。要采用配方施肥技术，合理施用氮、磷、钾肥，防止偏施、过量施氮肥。

（四）科学管理水分

浅湿灌溉，水稻"拔节期"田面灌水坚持干湿交替原则，每次灌 3~6 厘米深的水层，让其自然落干，待水层降到地面以下 10~15 厘米时再灌水，从而使田间水分状态呈现几天水层、几天湿润、几天干的周期性变化。

（五）合理密植

后期加强纹枯病、二化螟、三化螟、稻飞虱等病虫害的防治。

（六）适时晒田

在水稻分蘖末期要进行排水晒田，控制无效分蘖，改善土壤环境，增强根系活力，使稻苗健壮稳长。

（七）化学调控

在直播稻分蘖末期和破口初期各用 1 次多效唑调控，每亩用 15%多效唑可湿性粉剂 30~50 克，兑水 30~40 千克均匀喷施。有显著的控长防倒伏增粒重效果。在水稻拔节期搁田，结合施用烯效唑与钾肥，防倒伏效果也很明显。

（八）加强预测预报

加强自然灾害和病虫害的预报工作，增强防御自然灾害和病虫害的能力。在病虫害的防治方面，要早发现早防治，在药剂选择方面，要仔细分析病虫害的类型和药剂的特性，合理用药。

三、倒伏后的补救措施

对刚齐穗就发生倒伏的晚稻，可立即采取以下补救措施。

（一）及时开沟排水轻搁田

有利于降低田间湿度，防止纹枯病等病害的蔓延，延长稻叶功能期，促进籽粒继续灌浆，减少茎秆因腐烂而导致的倒伏。可在田间四周开排水沟，保持干干湿湿的灌水方法，恢复稻体生机。阴天时可一次性排干积水，高温强光时应逐步排水，傍晚时排水最有利于恢复生长。对这类倒伏田，以后田间不宜再留水层，可用灌"跑马水"的方式补充水分。

（二）喷施叶面肥

倒伏的早青水稻，光合作用差，影响灌浆结实，必须及时补充营养。一般亩施尿素 2~2.5 千克+磷肥 5 千克，并进行根外追肥，即在抽穗 20% 时，亩用赤霉酸 1 克+尿素 250 克+磷酸二氢钾 150 克，兑水 60 千克进行叶面喷施。

（三）及时用药防治病虫害

水稻倒伏后很容易诱发病虫害，要特别注意防治纹枯病、二化螟、三化螟、稻飞虱、纵卷叶螟等。

（四）拉网拦扶

对存在倒伏倾向的田块，及时采取拉网拦扶等预防措施。

（五）适时抢收

已成熟的水稻，待天晴后要适时抢收，以防止谷粒霉烂、发芽。不提倡扎把，水稻倒伏时有的农户习惯将其扶起，一把把扎起来，这种做法有害无益。刚齐穗就倒伏的晚稻，上部节间靠地面一侧的居间分生组织还能进行细胞分裂和伸长，使茎秆上弯生长，穗子和上部 1~2 张功能叶能直立生长，进行正常的光合作用，为籽粒灌浆提供养分。如果在这时实行扎把，人为地破坏了稻穗、穗颈、叶片的自然分布秩序，加重了人为践踏，使倒伏后的损失更大。但已经灌浆较多、倒伏后穗子不能抬起的晚稻，扎把有利于防止稻粒发芽和霉烂，有一定的保产作用。

第十二章 水稻绿色高产高效种植技术模式

第一节 水稻叠盘出苗育秧技术模式

水稻叠盘出苗育秧是针对现有水稻机插育秧方法存在的问题，根据水稻规模化生产及社会化服务的技术需求，经多年模式、装备和技术创新的一种现代化水稻机插二段育供秧新模式。主要适合在长江中下游稻区、华南稻区、西南稻区等水稻生产中推广应用。

一、品种选择

考虑当地生态条件、种植制度、种植季节、生产模式等因素，根据前后作茬口选择确保能安全齐穗的水稻品种，双季稻区应注意早稻与连作晚稻品种生育期合理搭配。

二、种子处理

种子发芽率要求常规稻达90%、杂交稻种子达85%以上。种子处理包括选种、浸种消毒、催芽。先晒种1~2天，以提高种子发芽势和发芽率，然后用盐水或清水选种。浸种消毒48小时后清水洗净催芽，采用适温催芽，催芽要求"快、齐、匀、壮"，温度控制在35℃左右。当种子露白，摊晾后即可播种。

三、育秧土或基质准备

可选择培肥调酸的旱地土或育秧基质育秧，旱地土育秧应选择 pH 值为中性偏酸、疏松通气性好、有机质含量高、无草籽、无病虫源的肥沃土壤。为防止立枯病等，需要做好土壤调酸、消毒；建议采用水稻机插专用育秧基质育秧，确保育秧安全，培育壮苗。

四、适期播种

适时播种，南方早稻在 3 月气温变暖播种，秧龄 25~30 天；南方单季稻一般在 5 月中下旬至 6 月初播种，秧龄 15~20 天；连作晚稻根据早稻收获合理安排播种期，秧龄 15~20 天。

五、流水线精量播种

根据品种类型、季节和秧盘规格合理确定播种量，实现精量播种。南方双季常规稻直径 30 厘米秧盘播种量一般 100~120 克/盘，每亩 30 盘左右；杂交稻可根据品种生长特性适当减少播种量。单季杂交稻直径 30 厘米秧盘播种量 70~100 克/盘，直径 23 厘米秧盘按面积做相应的减量调整。选择叠盘暗出苗的专用秧盘，采用播种均匀、播量控制准确、浇水到位的机插秧播种流水线播种，一次性完成放盘、铺土、镇压、浇水、播种、覆土等作业。流水线末端可加装叠盘机构，配装自动上料等装备。播种前做好机械调试，调节好播种量、床土铺放量、覆土量和洒水量。

六、叠盘暗出苗

将流水线播种后的秧盘叠盘堆放，每 25 盘左右一叠，最上面放置一张装土而不播种的秧盘，每个托盘放 6 叠秧盘，约 150 盘，用叉车运送托盘至控温控湿的暗出苗室，温度控制在 32℃ 左右，湿度控制在 90% 以上。放置 48～72 小时，待种芽立针（芽长 0.5~1.0 厘米）时用叉车移出，供给各育秧点育秧。

七、摆盘育秧

早稻摆放在塑料大棚内或秧板上搭拱棚保温保湿育秧，单季稻和连作晚稻可直接摆秧田秧板育秧，有条件的可放入防虫网在大棚内育秧。

八、秧苗管理

南方稻区早稻播种后即覆膜保温育秧，棚温控制在 22～25℃，最高不超过 30℃，最低不低于 10℃，注意及时通风炼苗，以防烂秧和烧苗。注意控水，采用旱育秧方法，注意做好苗期病虫害防治，尤其是立枯病和恶苗病的防治。

九、壮秧要求

秧苗应根系发达、苗高适宜、茎部粗壮、叶挺色绿、均匀整齐。南方早稻 3.1～3.5 叶，苗高 12～18 厘米，秧龄 25～30 天；单季稻和晚稻 3.5～4.5 叶，苗高 12～20 厘米，秧龄 15～20 天。

十、病虫害防治

秧田期间重点防治立枯病、恶苗病、稻蓟马等。立枯病防治首先做好床土配制及调酸工作，中性或微碱性土壤需施用壮秧剂或调酸剂进行土壤调酸处理，把 pH 值调至 6.0 以下，同时做好土壤消毒；恶苗病防治首先选栽抗病品种，避免种植易感病品种，并做好种子消毒处理，建议用氰烯菌酯、咪鲜胺等药剂按量浸种，提倡带药机插。

第二节　水稻大钵体毯状苗机械化育插秧技术模式

水稻大钵体毯状苗机插技术是通过钵形毯状秧苗，适时移栽、群体调控、肥水管理、病虫防治等技术配套，实现高产高效。

技术路线如下：

床土→选种→浸种→催芽→大钵体毯状苗育秧流水线设备育秧（每钵内 3～5 粒芽籽，填土、播种、压种、覆土在一个流水线上完成）→秧苗管理（除草、温度管理、水肥管理、病虫害防治）→机械整地→插秧机移栽→田间管理。

一、苗盘准备

采用水稻大钵体毯状苗专用软塑穴盘育苗（图 12-1）。育苗盘规格为：长（580±5.0）毫米，宽度为（280±5.0）毫米，总厚度 26 毫米，其中钵体深度 16 毫米，钵体数 14×30＝420 穴。

图 12-1　大钵体毯状苗技术育秧盘

二、营养土配置

营养土的配置要选择含盐量少、pH 值 4.5~5.5、草籽少、无农药残留、土质疏松肥沃的土壤作为育苗基质土，也可选用配制好的育秧基质作为营养土育秧。

三、苗床准备

选择灌排方便的壤土或黏壤土稻田做苗床，宽度根据育秧盘的长宽而定，以横放两个或竖放 4~5 个为宜，床的长度依秧田长度而定。床与床之间留出 25~30 厘米作业道，整平并压实床面即可。对于双季稻区晚稻育秧，恰逢高温和雨季，为防止秧苗生长过快和育秧水分无法控制，给后续插秧机作业带来的困难，特别要求，在育秧苗床上方搭建简易遮阳防雨降温覆盖膜棚。为防止育秧盘底部串根，在床面铺放一层无纺布。

四、播种技术

要求品种优质、高产、抗病、抗倒伏、抗逆性强、生育期适宜，适合当地种植的优良稻种。播前晒种、脱芒、精选种子、消毒、浸种、催芽。根据品种生育期长短、秧龄和计划栽植期以及当地安全齐穗期确定播种日期。一般每盘播干种 30~60 克，若用吸足水分的种子则需再加 30% 的重量，以每穴内有 3~5 粒种子为宜。采用机械化育苗生产线作业（图 12-2），一次完成铺底土、播种、覆土等工序。播后及时浇水，也可浇"蒙头水"，但不要大水漫灌，以免将种子冲出钵穴。钵盘育秧与常规育苗一样需要盖膜增温保墒。根据各地气候不同，采用不同的覆膜方式。

图 12-2 大钵体毯状苗育秧生产线

五、苗期管理

气温稳定通过 12℃、连续炼苗 5 天以上时为安全揭膜期。一般平铺盖农膜，1 叶 1 心期揭膜；南方稻区覆膜育苗的一般见绿即通风。钵盘育苗是采用旱育苗方式，盘土以湿润为主。出苗到 1 叶 1 心期盘土不干不浇水；1~2 叶期不完全叶节发根，并产生分枝根，秧苗开始在钵穴内盘根，此时床面过水可促进秧苗盘根。此后掌握见干见湿的原则，培育旱生根系。1 叶 1 心期根据秧龄和苗情适时追肥。

六、水田准备

水稻移栽对本田整地质量要求较高，尤其是有前茬的稻地要做好灭茬工作。田面应平整干净，上糊下松，不露根茬，无杂物，呈汪泥汪水（花达水）状态。应根据当地土壤肥力施足基肥。

七、机械化插秧

可比常规插秧机作业的栽植密度降低 10% 的栽植亩穴数，适合栽插中、大秧苗，最佳栽植秧苗高度为 20 厘米，一般适应范围苗高为 15~25 厘米（图 12-3）。

图 12-3 大钵体毯状苗机插秧作业

八、田间管理技术

水层管理：立苗期以保持田面湿润为主；分蘖期浅水勤灌；孕穗期保持一定水层；抽穗扬花期浅水灌溉；灌浆结实期间歇灌溉；成熟期适时断水。追肥管理：应适时早追分蘖肥，在有效分蘖临界叶龄期或其前一时龄期控肥；巧施穗肥，提高结实率和千粒重。适时开展化学除草和病虫害防治。

第三节　多年生稻轻简高效生产技术模式

多年生稻轻简高效生产技术是通过种植人工培育、在自然生产条件下能反复利用地下茎正常萌发再生成苗的水稻品种，实现种植 1 次可连续收获 2 季以上的稻作生产技术，是一种新型、高效、轻简的稻作生产方式，对于稳定水稻种植面积、提高种稻效益具有重要意义。该技术在湖南、江西等双季稻地区可实现一种双收，在云南、贵州、广西、广东等可越冬地区可实现一种多收。目前，多年生稻23（PR23）、云大25、云大107等品种已通过农作物品种审定。

一、优选优种

选用多年生水稻良种，一般亩用种量为3千克左右。

二、育秧移栽（第一季）

第一季采用旱育秧方式，培育壮秧，因地制宜选择壮秧剂。移栽基本苗为1.1万~2.0万穴/亩（或者与当地常规稻移栽密度相同），每穴2~3苗。往后每一季，收获后保留稻桩。

三、水分管理

寸水活棵（促芽）：第一季移栽后10天内，再生季稻桩初整理10天内，田块保持3厘米左右的水层。浅水分蘖：第一季秧苗返青至分蘖盛期，再生季发苗（单穴稻桩1~2苗）至分蘖盛期，田块保持1~2厘米水层，利于分蘖早生快发。够苗晒田：第一季和再生季，分蘖数达到目标有效穗数75%左右时，田块开始控水晒田。拔节长穗期有水：每一生产季拔节期、幼穗分化期、抽穗扬花期田块保持2~3厘米水层。蜡熟后晒田保根促芽：每一季蜡熟期（齐穗后15天左右）后都撒水晒田。越冬期：有灌水条件区域，田块保持2~3厘米水层；灌水条件较差区域保持土壤湿润。

四、肥料运筹

亩纯氮推荐用量为12千克（包括保根促芽肥），氮、磷、钾比例为2:1:2。第一季氮肥按基肥、分蘖肥、穗肥、保根促芽肥比例为2:3:2:3施用，磷肥全部作基肥施，钾肥按基肥、穗肥、保根肥比例为 4∶4∶2 施用。再生季氮肥按芽肥（基肥）、分蘖肥、穗肥、保根保芽肥比例为 1∶4∶2∶3 施用，磷肥全部作基肥施，钾肥按基肥、穗肥、保根保芽肥比例为 4∶4∶2 施用。促芽肥（基肥）应在稻桩发新苗长白根（3 叶 1 心）施用。

五、留茬高度

在双季稻区早稻收获时，留稻桩高度为 5~10 厘米，在双季稻区晚稻和一季稻区收获时留稻桩高度为 20~30 厘米。

六、越冬管理

越冬期可套种蔬菜或绿肥。有灌水条件且无霜的区域，田块保持 2~3 厘米水层；灌水条件较差区域保持土壤湿润。越冬后按当地早稻移栽时间，对稻桩进行割除，保留稻桩高度为 5 厘米左右。同时使用除草剂防治杂草。

七、杂草防治

移栽或水稻出苗后 5~7 天施用常规除草剂防控杂草，在收获后 2 天使用除草剂进行芽前封闭。土壤处理使用扑草净或苄·乙防治禾本科杂草；阔叶杂草和莎草，喷雾使用氰氟草酯、双草醚、五氟磺草胺等。对多年生杂草使用氰氟草酯、灭草松、氯氟吡氧乙酸等喷雾。

第四节　稻田绿色种养技术模式

稻田绿色种养是一种将水稻种植和水产养殖相结合的复合农业生产方式。在农业转方式、调结构过程中，稻田绿色种养作为一种产出高效、资源节约、环境友好的生态农业、绿色农业生产

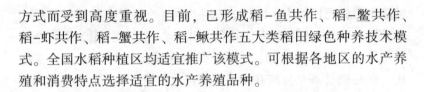
方式而受到高度重视。目前，已形成稻-鱼共作、稻-鳖共作、稻-虾共作、稻-蟹共作、稻-鳅共作五大类稻田绿色种养技术模式。全国水稻种植区均适宜推广该模式。可根据各地区的水产养殖和消费特点选择适宜的水产养殖品种。

一、稻田工程实施

（一）加固、加高田埂

放鱼前应修补、加固、务实田埂，不渗水、不漏水。丘陵地区的田埂应高出稻田平面 40~50 厘米，平原地区的田埂应高出稻田平面 50~60 厘米，冬闲水田和湖区低洼稻田应高出稻田平面 80 厘米以上。田埂截面呈梯形，埂底宽 80~100 厘米，顶部宽 40~60 厘米（图 12-4）。

图 12-4　稻田养鱼的田埂

（二）开挖鱼溜、鱼沟

1. 鱼溜

养鱼稻田鱼溜的数量视稻田的面积大小确定，位置紧靠进水口的田角处或中间，形状呈长方形、圆形或三角形。鱼溜的四壁用条石、砖石或其他硬质材料和水泥护坡，位置相对固定。溜埂高出稻田平面 20~30 厘米，并要沟沟相通，沟溜相通。培育鱼种的鱼溜面积占稻田面积的 5%~8%，深度为 80~100 厘米；饲养食用鱼的鱼溜面积占稻田面积的 10%~15%，深度为 100~150 厘米。

2. 鱼沟

主沟位于稻田中央，宽 30~60 厘米、深 30~40 厘米；稻田面积 0.3 公顷以下的呈"十"字形或"井"字形，面积 0.3 公顷以上呈"井"字形或"目""囤"字形。围沟开在稻田四周，距离田埂 50~100 厘米，宽 100~200 厘米，深 70~80 厘米。在插秧 3~4 天后，根据稻田类型、土壤、作物茬口、水稻品种和鱼种放养规模的不同要求开好垄沟，一般垄宽 50~100 厘米，垄沟宽 70~80 厘米，垄沟深 25~30 厘米。开挖围沟的表层泥土用来加高垄面，底层泥土用来加高田埂（图 12-5）。

图 12-5　稻田养鱼的鱼沟

（三）进、排水口

进、排水口设在稻田相对两角田埂上，用砖、石砌成或埋设涵管，宽度因田块大小而定，一般为 40~60 厘米，排水口一端田埂上开设 1~3 个溢洪口，以利控制水位。

（四）防逃设施

1. 稻-鱼共作防逃设施

拦鱼栅用塑料网、金属网、网片编织。其网目大小因鱼规格而异，全长为 1.5~2.5 厘米的鱼，网目为 0.2 厘米；全长为 3.3~16.5 厘米的鱼，网目为 0.4 厘米。其宽度为排水口宽度的 1.6 倍，并高于田埂。拦鱼栅呈"⌒"形或"∧"形安装，在进水口处，其凸面朝外；在出水口处，其凸面向内，入泥深度 20~35 厘米，并把栅桩夯打牢固。

2. 稻-鳖共作防逃设施

鳖有用四肢掘穴和攀登的特性，因此防逃设施的建设是稻田养鳖的重要环节。应在选好的稻田周围用砖块、水泥板、木板等材料建造高出地面 50 厘米的围墙，顶部压沿，内伸 15 厘米，围墙和压沿内壁应涂抹光滑，并搞好进排水口的防逃设施。

3. 稻-虾共作防逃设施

田埂四周用塑料网布建防逃墙，下部埋入土中 10~20 厘米，上部高出田埂 0.5~0.6 米，每隔 1.5 米用木桩或竹竿支撑固定，网布上部内侧缝上宽度为 30 厘米左右的钙塑板形成倒挂。在进排水口安装铁丝网或双层密网（20 目左右）。

4. 稻-蟹共作防逃设施

河蟹放苗前，每个养殖单元在四周田埂上构筑防逃墙。防逃墙材料采用尼龙薄膜，将薄膜埋入土中 10~15 厘米，剩余部分高出地面 60 厘米，其上端用草绳或尼龙绳作内衬，将薄膜裹缚其上，然后每隔 40~50 厘米用竹竿作桩，将尼龙绳、防逃布拉紧，固定在竹竿上端，接头部位避开拐角处，拐角处做成弧形。

进排水口设在对角处，进、排水管长出坝面 30 厘米，设置 60~80 目防逃网。

5. 稻-鳅共作防逃设施

加固增高田坎，设置防逃板或防逃网（图 12-6），防逃板深入田泥 20 厘米以上，露出水面 40 厘米左右，或者用纱窗布沿稻田四周围栏，纱窗布下端埋至硬土中，纱窗布上端高出水面 15~20 厘米。在进、出水口安装 60 目以上的尼龙纱网两层，纱网夯入土中 10 厘米以上。

图 12-6　稻田养鱼的防逃网

二、养殖生物放养

（一）放养品种

以草鱼、鲤、罗非鱼、鲫、革胡子鲇、泥鳅、鳖、虾、蟹等草食性及杂食性鱼类为主，鲢、鳙等滤食性鱼类为辅。

（二）鱼类放养

鱼苗、鱼种的放养密度见表 12-1。

表 12-1　鱼苗、鱼种的放养密度

饲养类型	稻田类型		鱼苗鱼种放养数量及规格		
		鱼苗数量	放养规格	鱼种数量	放送规格
培育鱼种	育秧田	$(22.5\sim30)\times10^4$	鱼苗	—	—
	双季稻田	$(3\sim4.5)\times10^4$	鱼苗		
培育大规格鱼种	中稻或一季晚稻田	—	—	$(1.5\sim1.95)\times10^4$	$3.3\sim5cm$
	起垄、开沟稻田	—	—	$(2.25\sim3.0)\times10^4$	$3.3\sim5cm$
饲养食用鱼	一季稻冬闲田或湖区低洼田　北方	—	—	$(0.075\sim0.15)\times10^4$	$3.3\sim5cm$
	南方	—	—	$(0.45\sim0.75)\times10^4$	$3.3\sim5cm$
	起垄、开沟稻田	—	—	$(0.75\sim1.2)\times10^4$	$3.3\sim5cm$

注：食用鱼中放养比例为草鱼 50%～60%，鲤、鲫 20%～30%，鲢、鳙 10%～20%；或鲤、鲫 60%～80%，草鱼、罗非鱼、链、鳙 20%～40%。

（三）鳖类放养

水稻亲鳖种养模式，一般在 5 月初先种稻，5 月中下旬放养亲鳖；亩放养数在 200 只左右，放养规格为 0.4～0.5 千克/只。水稻商品鳖种养模式，一般在 5 月底至 6 月上旬种植水稻，7 月中上旬放养鳖；亩放养数在 600 只左右，放养规格为 0.2～0.4 千克/只。水稻稚鳖培育种养模式，一般在 6 月下旬种植水稻，7 月下旬放养当年培育的稚鳖，亩放养数 1 万只/亩。

放养前要用 15～20 毫克/升的高锰酸钾溶液浸浴 15～20 分钟，或用 1.5% 浓度食盐水浸浴 10 分钟。

（四）虾类放养

一般在每年 8—10 月或翌年的 3 月底。第一种方式是在水稻收获后放养大规格虾种或抱卵亲虾，初次养殖的每亩投放 20～30 千克，已养稻田每亩投放 5～10 千克，雌雄比（2～3）：1，主要是为第二年生产服务。第二种方式是放养虾苗，规格 3 厘米左右（250～600 只/千克），每亩 1.5 万尾左右，30～50 千克。

虾种放养前用 3%～5% 食盐水浸浴 10 分钟，杀灭寄生虫和致病菌。

（五）蟹类放养

根据杂草在平耙地后 7 天萌发，12～15 天生长旺盛的规律，可在此期间投放蟹种，从而充分利用杂草这种天然饵料。稻田养殖成蟹放养密度以 400～600 只/亩为宜。

在放养前用浓度为 20～40 毫克/升水体的高锰酸钾或 3%～5% 的食盐水浸浴 5～10 分钟。

（六）鳅类放养

放养时间，一般在插秧后放养鳅种，单季稻放养时间宜在第一次除草后放养；双季稻放养时间宜在晚稻插秧后放养。放养密度方面，根据规格而定，规格为 3～4 厘米/尾的鳅苗，放养密度为 15～20 尾/米^2；规格为 5～6 厘米/尾的鳅苗，放养密度为 10～15 尾/米^2；规格为 6～8 厘米/尾的鳅苗，放养密度为 10 尾/米^2。

鳅苗在下池前要进行严格的鱼体消毒，杀灭鳅苗体表的病原生物，并使泥鳅苗处于应激状态，分泌大量黏液，下池后能防止池中病原生物的侵袭。鱼体消毒的方法是先将鳅苗集中在一个大容器中，用 3%～5% 的食盐水或者 8～10 毫克/升的漂白粉溶液浸洗鳅苗 10～15 分钟，捞起后再用清水浸泡 10 分钟左右，然后再放入养鳅池中，具体消毒时间视鳅苗的反应情况灵活掌握。

三、饲养管理

（一）水的管理

在水稻生长期间，稻田水深应保持 5～10 厘米；收割稻穗后，田水保持水质清新，水深在 50 厘米以上，定期疏通鱼沟，保证水流通。

（二）防逃

经常检查防逃设施、田埂有无漏洞，加强雨期的巡察，及时排洪、捞渣。

（三）投饵

1. 稻-鱼共作

投喂定点，选在相对固定的鱼溜和鱼沟内，每天上午、下午各投喂 1 次。配合饲料应符合相关标准；青饲料应清洁、卫生、无毒、无害。配合饲料按鱼总体重的 2%~4% 投喂；青饲料按草食性鱼类总体重的 15%~40% 投喂。对不投喂的稻田养鱼，鱼类则直接利用稻田中的天然饵料。

2. 稻-鳖共作

1~2 龄鳖个体较小，饵料以水生昆虫、蝌蚪、小鱼、小虾、水蚯蚓、鱼下脚料等制成的新鲜配合饲料为主。3 龄以上的鳖咬食能力较强，可以螺蛳、河蚬、河蚌等带壳的鲜活贝类为主食，适当投喂大豆、玉米等植物性饲料，也可投喂人工配合饲料。投喂饲料要做到定时、定位、定量。每天投喂量为其体重的 8%~12%，分上午、下午两次投喂。

3. 稻-虾共作

稻田养虾一般不要求投喂，在小龙虾的生长旺季可适当投喂一些动物性饲料，如锤碎的螺、蚌及屠宰厂的下脚料等。8—9月以投喂植物性饲料为主，10—12 月多投喂一些动物性饲料。日投喂量按虾体重的 6%~8% 安排。冬季每 3~5 天投喂 1 次，日投喂量为在田虾体重的 2%~3%。从翌年 4 月开始，逐步增加投喂量。

4. 稻-蟹共作

饵料投喂要做到适时、适量，日投饵量占河蟹总重量的5%~10%，主要采用观察投喂的方法，注意观察天气、水温、水质状况、饵料品种灵活掌握。河蟹养殖前期，饵料品种一般以粗蛋白含量在 30% 的全价配合饲料为主。河蟹养殖中期的饵料应以植物性饵料为主，如黄豆、豆粕、水草等，搭配全价颗粒饲料，适当补充动物性饵料，做到荤素搭配、青精结合。后期，饵料主要以粗蛋白含量在30%以上的配合饲料或杂鱼等为主，可以搭配一些高粱、玉米等谷物。

5. 稻-鳅共作

一般以稻田施肥后的天然饵料为食，再适当投喂一些米糠、蚕蛹、畜禽内脏等。1天投2次，早、晚各1次。鳅苗在下田后5~7天不投喂饲料，之后每隔3~4天投喂米糠、麦麸、各种饼粕粉料的混合物、配合饲料。日投喂量为田中泥鳅总重量的3%~5%；具体投喂量应结合水温的高低和泥鳅的吃食情况灵活掌握。到11月中下旬水温降低，便可减投或停止投喂。在饲养期间，还应定期将小杂鱼、动物下脚料等动物性饲料磨成浆投喂。

（四）施肥

1. 肥料种类

有机肥，如绿肥、厩肥；无机肥，如尿素、钙磷镁肥等；有机肥应经发酵腐熟，无机肥应符合相关标准。

2. 基肥

一般每公顷施厩肥2 250~3 750千克、钙镁磷肥750千克、硝酸钾120~150千克。

3. 追肥

追肥量每公顷、每次为尿素112.5~150千克。施化肥分两次进行，每次施半块田，间隔10~15天施肥1次。不得直接撒在鱼溜、鱼沟内。

（五）鱼病防治

按照"预防为主，防治结合"的原则，鱼种入稻田前须严格消毒，草鱼病采用免疫方法防治，在鱼病多发季节，每15天可投喂 1 次药饵。发现鱼病及时对症治疗。

四、捕捞

（一）捕捞时间

稻谷将熟或晒田割稻前，当鱼长到商品规格时，就可以放水捕鱼；冬闲水田和低洼田养的食用鱼或大规格鱼种可养至第二年插秧前捕。

（二）捕捞方式

捕鱼前应疏通鱼沟、鱼溜，缓慢放水，使鱼集中在鱼沟、鱼溜内，在出水口设置网具，将鱼顺沟赶至出水口一端，让鱼落网捕起，迅速转入清水网箱中暂养，分类统计，分类处理。

参考文献

车艳芳，2014. 现代水稻高产优质栽培技术［M］. 石家庄：河北科学技术出版社.

戴其根，2019. 水稻精确定量栽培实用技术［M］. 2 版. 南京：江苏凤凰科学技术出版社.

郭春生，张平，2014. 农业技术综合培训教程［M］. 北京：中国农业科学技术出版社.

彭红，朱志刚，2017. 水稻病虫害原色图谱［M］. 郑州：河南科学技术出版社.

王金华，2018. 粮油作物栽培技术［M］. 成都：电子科技大学出版社.

尹海庆，王生轩，王付华，2016. 一本书明白水稻高产与防灾减灾技术［M］. 郑州：中原农民出版社.

于文振，2013. 作物栽培学（北方本）［M］. 北京：中国农业出版社.

张桂兰，吴剑南，王丽，2016. 主要农作物病虫害识别与防治［M］. 郑州：中原农民出版社.